Über die Verwertung des Zwischendampfes und des Abdampfes der Dampfmaschinen zu Heizzwecken.

Eine wirtschaftliche Studie

von

Dr.-Ing. Ludwig Schneider.

Mit 85 in den Text gedruckten Figuren und einer Tafel.

Berlin.
Verlag von Julius Springer.
1910.

ISBN-13: 978-3-642-98251-4 e-ISBN-13: 978-3-642-99062-5
DOI: 10.1007/978-3-642-99062-5

Universitäts-Buchdruckerei von Gustav Schade (Otto Francke
in Berlin und Fürstenwalde (Spree).

Vorwort.

„Popularisierung der elektrischen Kraft“ ist ein oft gehörtes Wort unserer Zeit. Durch nichts ist die Popularisierung leichter zu erreichen als durch Verbilligung des Strompreises. Eine solche erwartet man von der staatlichen Ausnützung der Wasserkräfte, insbesondere von den Bahnkraftwerken. Die elektrischen Überlandzentralen, in welchen frachtunwürdige Brennstoffe wie Kohlengrus, geringwertige Braunkohle, Lignit u. dgl. verheizt werden, sollen Gewerbe und Landwirtschaft konkurrenzfähige Krafttarife bieten. Die Hochofengase unserer Hüttenwerke werden in der Großgasmaschine zur billigen Erzeugung elektrischer Kraft verwertet. So sucht man auf verschiedene Weise die Popularisierung jener Energieform zu verwirklichen. Man ist sich darüber einig, daß der weiteren Verbreitung der elektrischen Kraft in allererster Linie nur der hohe Strompreis von 15—20 Pf. für die Kilowattkraftstunde und von 60 Pf. und mehr für die Kilowattlichtstunde hinderlich ist.

Die Verbindung der Krafterzeugung mit der Abdampfverwertung zu Heizzwecken eröffnet uns eine weitere Möglichkeit, Energie mit geringen Gestehungskosten zu erzeugen. Dieses Verfahren begegnet fördernd den Bestrebungen der modernen Heizungstechnik, welche die Dampf- und Warmwasserheizung immer mehr zur geeignetsten Art der Wärmeübermittlung für die Bedürfnisse der Wohnungsbeheizung wie für gewerbliche Zwecke macht. Nicht bloß vom wirtschaftlichen Standpunkt aus, sondern auch vom Standpunkt der Hygiene ist dieser Weg wert, begangen zu werden.

Möge vorliegende Studie dazu beitragen, dem Gedanken der Zwischen- und Abdampfverwertung weitere Kreise zu gewinnen!

München 1910.

Der Verfasser.

Inhaltsverzeichnis.

I. Allgemeines.

Es ist eine Eigenschaft aller technischen Prozesse, daß bei der Umwandlung von Stoffen Abfallstoffe anfallen oder bei der Umwandlung von Energieformen Energiestreuung eintritt; diese Nebenerzeugnisse haben wir im allgemeinen als Verluste anzusehen. Zahlenmäßig ausgedrückt erscheinen die Verluste im Wirkungsgrad des Prozesses. Unsere wirtschaftliche Aufgabe ist es, den Wirkungsgrad möglichst gut zu gestalten, indem wir danach streben, einerseits die Entstehung von Abfallstoffen und die Abspaltung von Energie in nicht beabsichtigter Form tunlichst zu vermeiden und andrerseits die unfreiwillig gewonnenen Nebenerzeugnisse nutzbringend zu verwerten.

In dem Bestreben, den Wirkungsgrad technischer Prozesse auf die letztere Art d. i. durch Verwertung der Abfallstoffe wirtschaftlich zu heben, haben wir bereits schöne Erfolge erzielt. So verbindet sich mit der Leuchtgasfabrikation ein ganzer Industriezweig zur Verarbeitung der Rückstände, so erfolgt die Verbrennung der Hochofengichtgase unter dem Kessel oder in der Großgasmaschine, die Ausnützung des Auspuffdampfes von Dampfmaschinen in Abdampfturbinen und nicht zuletzt die Verwendung des Dampfes zu Heiz- und Kochzwecken, nachdem er in einem oder mehreren Zylindern einer Dampfmaschine Arbeit verrichtet hat.

Der thermische Wirkungsgrad der Dampfmaschine, d. i. das Verhältnis des Wärmewertes der von 1 kg Dampf in der Maschine geleisteten Arbeit zu der diesem kg Dampf zugeführten Wärmemenge, ist bekanntlich gering und bewegt sich je nach der Maschinengröße zwischen 10 und 20 Proz.[1]). In Fig. 1 ist im s-i-Diagramm nach Mollier dargestellt, wieviel vom Wärmeinhalt eines kg Dampf von gegebenem Anfangszustand in Arbeit umsetzbar ist. Würde die Expansion während der Arbeitsleistung isentrop von z. B. 11 Atm. und 300° C auf atmosphärischen Druck erfolgen, so könnten von den 731 Kal. pro kg Dampf 115 Kal. in Arbeit verwandelt werden[2]).

---

[1]) E. Josse, Neuere Kraftanlagen, 1909, S. 27.

[2]) Siehe Dr. R. Mollier, Neue Tabellen und Diagramme für Wasserdampf, 1908.

Da aber aus hier nicht zu erörternden Gründen[3]) die Entropie des Dampfes während der Einströmung in den Zylinder und während der Expansion wächst, so können nur ca. 86 Kal. an Arbeit gewonnen werden.

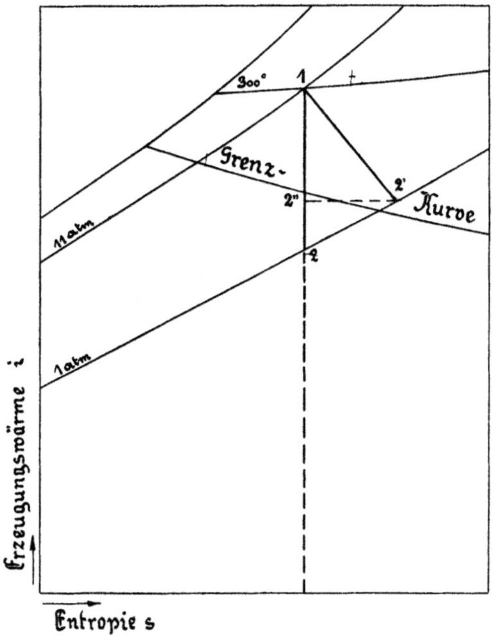

Fig. 1.

Das Verhältnis der vertikalen Strecke 1—2″ zur Strecke 1—2, in Wärmeeinheiten ausgedrückt 86 bzw. 115 Kal., stellt den indizierten Wirkungsgrad der Maschine dar, der im gewählten Beispiel $100 \frac{86}{115} = 75$ Proz. beträgt[4]). Wird angenommen, daß der Dampf aus Wasser von 20° C Temperatur erzeugt wurde, so ist der thermische Wirkungsgrad des Prozesses $\frac{86}{711} = 12$ Proz., also äußerst nieder.

Erfolgt die Expansion statt auf atmosphärischen Druck bis auf den Druck 0,2 Atm., was der Arbeitsweise einer Kondensationsmaschine entspricht, so erhöht sich das Wärmegefälle der adiabatischen

[3]) Siehe Fritz Krauß, Die Thermodynamik der Dampfmaschinen, 1907, S. 85 u. f.

[4]) Vgl. Dr. R. Mollier, Die Beurteilung der Dampfmaschine. Zeitschr. des Ver. Deutsch. Ing. 1898, S. 685.

Expansion auf 172 Kal., wovon bei einem indizierten Wirkungsgrad von 65 Proz. die Wärmemenge von $172 \cdot 0{,}65 = 112$ Kal. in Arbeit verwandelt werden kann. Der thermische Wirkungsgrad beläuft sich alsdann auf $\frac{112}{711} = 15{,}8$ Proz. (Fig. 2.)

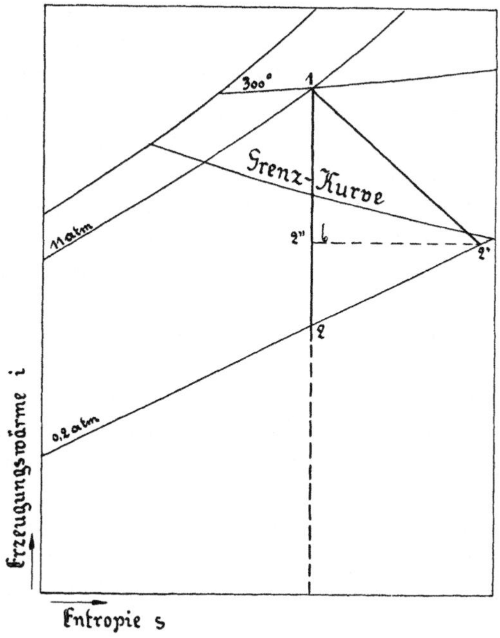

Fig. 2.

Bei Auspuffbetrieb gehen also $711 \cdot 0{,}88 = 625$ Kal., bei Kondensationsbetrieb $711 \cdot 0{,}842 = 599$ Kal. pro kg Dampf für Arbeitsleistung verloren. Diese Wärmemengen stellen beträchtliche Heizwerte dar. Leitet man 1 kg Abdampf von $625 + 20 = 645$ Kal. Wärmeinhalt in Heizkörper, wo der Dampf mit 40° C kondensiert, so werden noch 605 Kal. wirtschaftlich nutzbar gemacht. Auf dieser einfachen Tatsache beruht im wesentlichen der Vorteil der Abdampfheizung. Es ist natürlich nicht nötig, daß der Abdampf der Maschine gerade mit atmosphärischer Spannung entnommen wird; er kann vielmehr den Arbeitszylinder sowohl mit Überdruck als mit Vakuum-Spannung verlassen. Wir erhalten dann an Stelle der Auspuffmaschine die Gegendruckmaschine oder die Maschine mit schlechtem Vakuum. Auch ist der Fall möglich, daß nur ein Teil der Dampfmenge, die sich bis zu einem gewissen Druck Arbeit verrichtend entspannt hat, zu Heizzwecken entnommen wird, während der übrige Teil in der Maschine weiter expandiert. Dies ist die Arbeitsweise der Dampfmaschine mit Zwischendampfentnahme.

Die Vorteile, welche durch diese Art der Ausnützung der Dampfwärme erzielt werden, erweisen glänzend die Wirtschaftlichkeit des Verfahrens, so daß es sich auf verschiedenen Gebieten immer mehr einbürgert. An der Dampfmaschine selbst ist nach dem Urteil hervorragender Fachleute keine wesentliche Verbesserung in Hinsicht auf den Wärmeverbrauch mehr zu erzielen. Die Einführung der mehrstufigen Expansion und der Dampfüberhitzung ist bereits allgemein erfolgt. Der praktische Erfolg der Mehrstoff-Dampfmaschine war ein so zweifelhafter, daß sie im Wettbewerb mit anderen Kraftmaschinen heute nicht mehr in Frage kommt. Das technisch mögliche Maximum des thermischen Wirkungsgrades der Dampfmaschine ist also erreicht. So hat uns einerseits die scharfe Konkurrenz, welche der Dampfkraft im Verbrennungs- und im Elektromotor erwachsen ist, andrerseits die Vervollkommnung der Heizungstechnik mit Entschiedenheit auf den Weg gewiesen, den Heizwert des durch den Arbeitsprozeß ganz oder teilweise entspannten Dampfes in unseren Dienst zu stellen.

Es ist nicht schwer, die Wirtschaftlichkeit der Zwischen- und Abdampfverwertung nachzuweisen, sobald der gesamte Abdampf der Maschinen Verwendung findet.

Der Abdampf einer mit 80—90 Proz. Vakuum arbeitenden Kondensationsmaschine kommt in der Regel für Heizzwecke nicht in Betracht, da er zu niedere Temperatur besitzt. Erst von etwa 0,5 Atm. Spannung[5]) ab, entsprechend einer Sättigungstemperatur von 80° C, wird der Abdampf für Heizzwecke verwendbar. Je nach Verwendung des Abdampfes beträgt die erforderliche Dampfspannung bis 6 Atm. Als Kraft-Heizungsmaschine (dieser kurze Ausdruck sei für die Maschine mit Abdampfverwertung, allgemein auch mit Zwischendampfentnahme, gestattet) kommt also die Maschine mit schlechtem Vakuum, die Auspuffmaschine, die Gegendruckmaschine und die Maschine mit Dampfentnahme aus dem Aufnehmer vor.

Vergleichen wir die Auspuffmaschine mit einer guten Kondensationsmaschine, so sehen wir aus Fig. 1 und 2, daß die erstere eine um den Arbeitswert von 112 — 86 = 26 WE. geringere Arbeitsausbeute aus 1 kg Dampf erzielt als letztere. Dafür stellt uns die Auspuffmaschine pro kg Dampf an 600 WE. für Heiz- oder ähnliche Zwecke zur Verfügung. Fast stets wird der Wert der in Arbeit umgewandelten 26 WE. geringer sein als jener der 600 WE., die uns die Auspuffmaschine als Heizwert liefert, wenn auch Arbeit relativ

---

[5]) Hier und im folgenden ist immer die absolute Spannung zu verstehen.

wertvoller ist als Wärme. Es wird also, wenn der gesamte Abdampf Verwendung finden kann, die Kraft-Heizungsmaschine stets wirtschaftlicher arbeiten als die Kondensationsmaschine mit getrennter Heizungsdampferzeugung. Falls aber nicht immer der ganze Abdampf

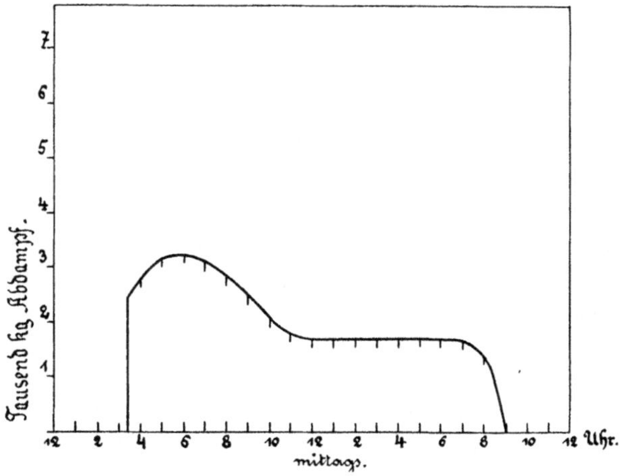

Fig. 3.
Heizdampfbedarf eines Krankenhauses an einem Maitag.

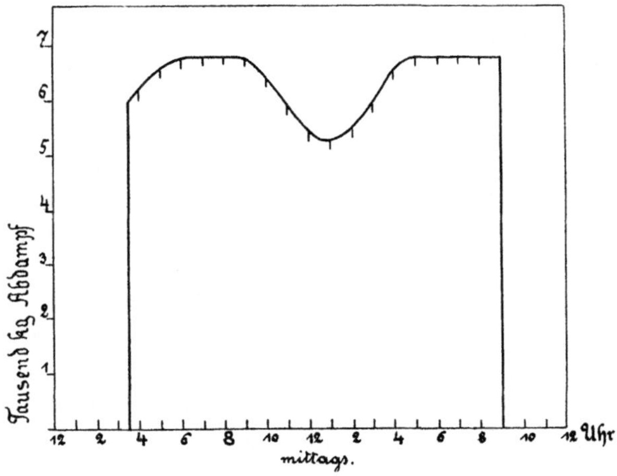

Fig. 4.
Heizdampfbedarf eines Krankenhauses an einem Dezembertag.

der Maschinen ausgenützt werden kann, muß die Frage der wirtschaftlich günstigsten Betriebsform jeweils durch eine besondere Rechnung geklärt werden, deren Grundlage der gleichzeitige Verlauf des Kraft- und des Abdampfbedarfes sind. Sobald der Abdampf einer Auspuffmaschine unbenützt entweichen muß, ist die Kondensationsmaschine in Hinsicht auf Ökonomie im Vorteil, und es sind in diesem Fall die jährlichen Dampfgestehungskosten zu ermitteln für den Betrieb mit der Kraft-Heizungsmaschine sowohl als auch für die Kondensationsmaschine und gesonderte Heizdampferzeugung. In zweiter Linie sind zu berücksichtigen: Kühlwasserbeschaffung für die Kondensationsmaschine, Raumbedürfnis, Bedienung, Instandhaltung, Abschreibung und Verzinsung für beide Betriebsarten.

Die Schwankungen im Heizdampfbedarf sind naturgemäß je nach der Verwendung des Abdampfes sehr verschieden. Die für die Heizung von Wohnräumen, Werkstätten u. ä. benötigte Dampfmenge wechselt insbesonders mit der Jahreszeit. Im Sommer setzt das Heizungsbedürfnis ganz aus, während es an einem besonders naßkalten Wintertag eine beträchtliche Höhe erreichen kann. Die täglichen Schwankungen bewegen sich in verhältnismäßig engen Grenzen. Das tägliche Minimum tritt mittags ein. Das Anwärmen des Gebäudes am Morgen und der Anschluß weiterer Räume an die Heizung am Abend haben etwas erhöhten Dampfbedarf gegenüber jenem um Mittag zur Folge. Der zeitliche Verlauf der Kraftbedarfskurve wird besonders durch den Aufwand für Beleuchtung und Lüftung beeinflußt.

Ein Beispiel für die zeitliche Änderung des Dampfbedarfes für Gebäudeheizung geben die Fig. 3 und 4. Die Ordinaten der Kurven stellen die an einem Durchschnittstag der Monate Mai und Dezember für die Heizung der Räume eines Krankenhauses benötigten Abdampfmengen dar.

Das Heizungsbedürfnis ist in den beiden Monaten, wie ersichtlich, sehr verschieden. Im Juni, Juli und August wird, von Ausnahmefällen abgesehen, gar nicht geheizt. Die stündlichen Schwankungen sind nicht erheblich. Von 9 Uhr abends bis $\frac{1}{2}$4 Uhr morgens ruht die Heizung. Interessant ist es, mit dem täglichen Heizungsbedürfnis den Kraftbedarf derselben Anlage zu vergleichen. Die für Beleuchtung, Lüftung und sonstige Zwecke in den Monaten Juni und Dezember benötigte elektrische Energie ist durch die Linienzüge in den Fig. 5 und 6 dargestellt.

Die Schwankungen im Kraftbedarf sind sowohl nach der Jahreszeit als nach der Tageszeit genommen ziemlich erheblich; aber das Gesetz der Änderung des täglichen Kraftbedarfes ist, wenigstens im Winterhalbjahr, dem der Änderung des Abdampfbedarfes ähnlich. Ein Minimum tritt mittags ein. Im Sommer (Juni, Juli, August), wo der Abdampfbedarf Null ist, werden beträchtliche Kraftbeträge für Lüftung und sonstige Zwecke benötigt. In dieser Zeit arbeitet die Auspuffmaschine, wie schon erwähnt, unökonomisch. Der größte Energiebedarf im Dezember tritt zwischen 7 und 8 Uhr morgens mit 218 Kilowatt ein. Der Abdampfbedarf zur selben Tageszeit beläuft sich auf 6800 kg. Setzt man den Dampfverbrauch der Kraft-

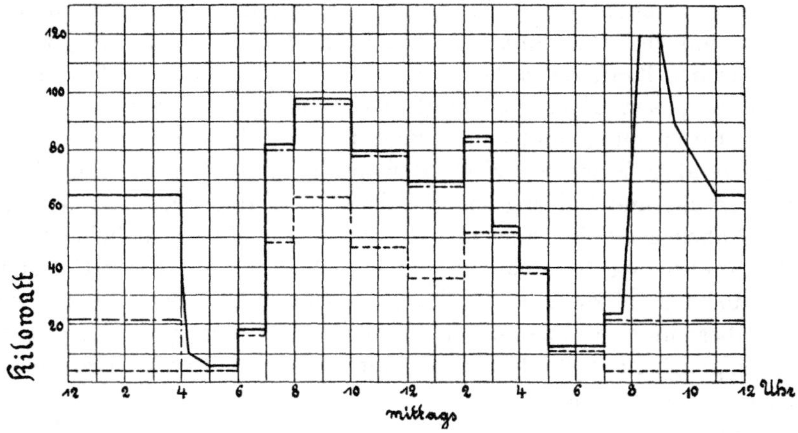

Fig. 5.
Kraftbedarf eines Krankenhauses an einem Junitag.

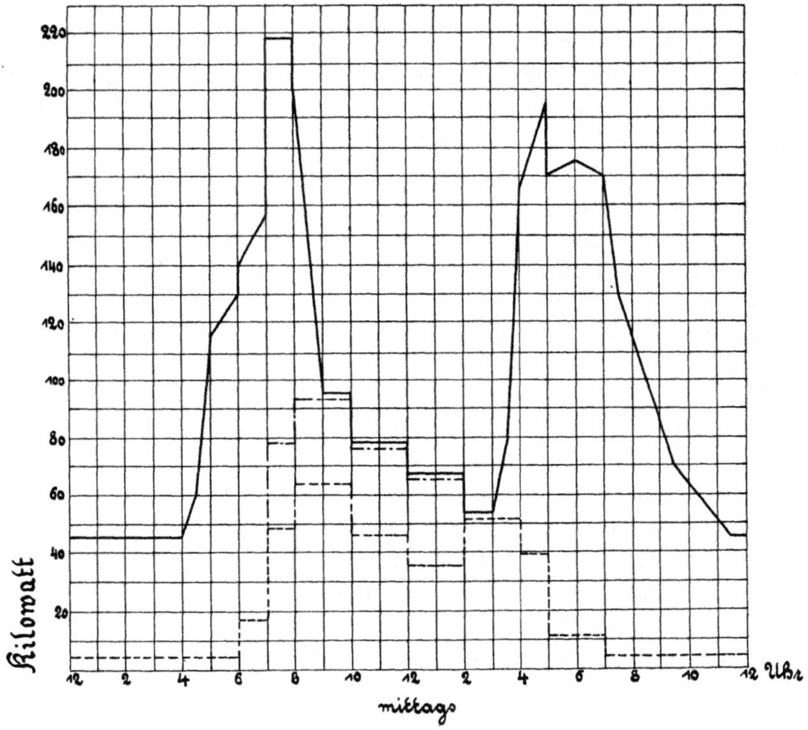

Fig. 6.
Kraftbedarf eines Krankenhauses an einem Dezembertag.

———— Kraftbedarf für Beleuchtung
—.—.— „ „ Lüftung
– – – – „ „ sonstige Zwecke.

Heizungsmaschine gleich 14 kg pro Kw.-Stunde, so liefert dieselbe eine stündliche Abdampfmenge von ca. 2800 kg. Die Abdampfmenge der für den Kraftbedarf bemessenen Maschine reicht also bei weitem nicht aus, den Heizungsdampfbedarf derselben Anlage zu decken. Diese Erscheinung finden wir nicht bloß in diesem speziellen Fall, sondern überall, wo die Kraft-Heizungsmaschine nur die Energie für Beleuchtung und Lüftung der zu beheizenden Anlage zu erzeugen hat.

Naheliegend ist nun der Gedanke, die Wirtschaftlichkeit der Abdampfheizung dadurch auszunützen, daß man die Kraft-Heizungsmaschinen dem jeweiligen Abdampfbedarf entsprechend belastet und die überschüssige Energie an fremde Abnehmer gibt. Auf diese Vereinigung einer Kraftzentrale mit einem Heizwerk wird später noch zurückzukommen sein.

Aus den Darstellungen in Fig. 3 bis 6 können wir zunächst ersehen, daß bei Verwendung des Abdampfes zur Gebäudeheizung die für den Kraftbedarf bemessene Auspuffmaschine einen Teil des Jahres unwirtschaftlich arbeitet, da der Abdampf zeitweilig unbenutzt entweicht. Des weiteren schließen wir aus Fig. 3 bis 6, daß als günstigste Maschinenzahl einer Kraft-Heizanlage, deren gesamte erzeugte Energie Absatz findet, jene zu ermitteln ist, bei welcher die jährlich abgegebene Arbeit ein Maximum erreicht. Der letzte Satz findet seine Erklärung darin, daß Dampfmaschine und Generator bei einer bestimmten Belastung den besten Wirkungsgrad haben, und daß derselbe um so schlechter wird, je mehr die Belastung von der günstigsten abweicht. Durch Aus- und Einschalten einer Maschine kann die Belastung der übrigen Maschinen eines Aggregates in der Nähe der günstigsten gehalten werden. Es ist allerdings zu berücksichtigen, daß das Einschalten einer Dampfmaschine Anwärmeverluste und erhöhte Inanspruchnahme des Personals zur Folge hat, und daß die Aufstellung jeder neuen Maschine den Raumbedarf, das Anlagekapital und die jährlichen Unterhaltungskosten vermehrt. Man tut deshalb gut, in der Teilung der Maschineneinheiten kluge Überlegung und Mäßigung walten zu lassen.

Die Bestimmung der Leistung einer Maschinenanlage bei einem gewissen Abdampfbedarf kann mit Berücksichtigung aller durch die veränderliche Belastung bedingten Verluste unter Anlehnung an ein von Prof. Lynen mitgeteiltes Verfahren[6]) schnell und übersichtlich erfolgen. Fig. 7 gibt für Durchschnittstage der zwölf Monate den Abdampfbedarf eines Hotels für Heizung und Warmwasserbereitung an. Statt zu jeder dieser zwölf Kurven die Leistungskurve zu zeichnen, empfiehlt es sich, eine Jahreskurve des stündlichen Abdampfbedarfes zu

---

[6]) Wilh. Lynen, Ein Beitrag zur Bestimmung der Betriebskosten bei einem Elektrizitätswerk. Zeitschr. des Vereins Deutsch. Ing. 1895, S. 1225.

zeichnen, in welcher die Abdampfmengen der Größe nach geordnet sind, und aus dieser einzigen Kurve den Betrag der erzeugten Leistung zu ermitteln. Die Jahreskurve Fig. 8 entsteht aus Fig. 7 dadurch,

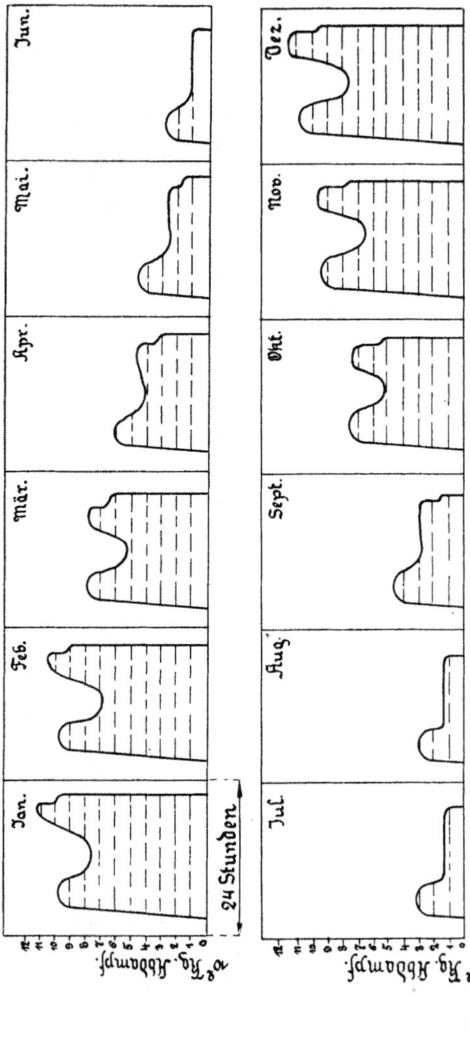

Fig. 7.
Täglicher Bedarf an Abdampf zur Beheizung eines Hotels.

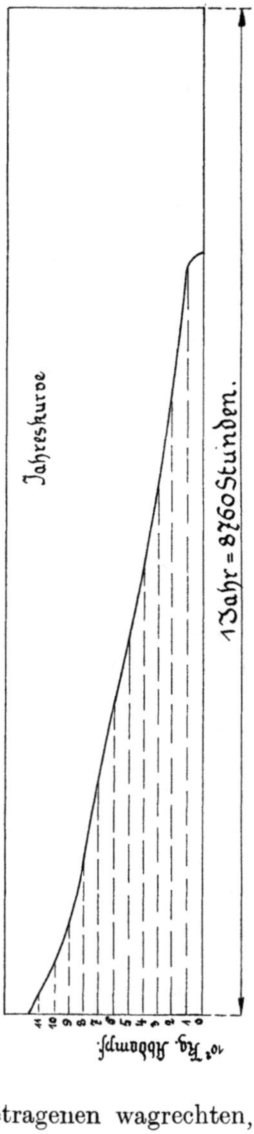

Fig. 8.
Abdampfbedarf aus Fig. 7 der Größe nach geordnet.

daß man die in die Diagramme der Fig. 7 eingetragenen wagrechten, auf gleicher Ordinatenhöhe liegenden Strecken addiert und die Endpunkte miteinander verbindet. Trägt man nun auf den Ordinaten der Jahres-Dampfbedarfskurve die aus der Abdampfmenge berechnete Maschinenleistung ab, so erhält man in der von der Leistungskurve, ihren beiden Endordinaten und der Abszissenachse begrenzten Fläche ein Maß für die jährlich erzeugte Energie.

Bei gewerblicher Verwendung des Abdampfes oder des Zwischendampfes einer Maschine ist ein sehr verschiedenartiger Verlauf des Dampfbedarfes möglich. Es gibt Betriebe, die nur wenig Wochen im Jahr große Dampfmengen benötigen, wie die Zuckersiedereien während der Kampagne. In Waschanstalten, Spinnereien, Großbrauereien u. a. bleibt andererseits der tägliche Abdampfbedarf das ganze Jahr hindurch fast gleich. Fig. 9 und 10 stellen den typischen Dampfbedarf einer Großbrauerei an einem Betriebstag dar.

Der Abdampfbedarf zur Bereitung des Anschwänzwassers und der Zwischendampfbedarf zur Heizung der Pfannen und Malzdarren und zur Trebertrocknung tritt in sehr regelmäßigen Perioden auf. Da in Brauereien in der Regel nur die selbstverbrauchte Energie erzeugt wird und der Dampfbedarf für Heiz- und Kochzwecke größer ist als die Zwischen- und Abdampfmenge der Krafterzeugungsmaschinen, so muß in der Zeit des größten Heizdampfbedarfes, d. i. während des Sudprozesses, die fehlende Dampfmenge unmittelbar aus den Kesseln ersetzt werden. Diese Zusatzdampfmenge ist in Fig. 10 mit dargestellt.

Die Berechnung des Dampfverbrauches einer Maschine erfolgt am besten aus den Dampfdiagrammen und mittels der Tabellen von Hrabák [7]). Nach der üblichen Rechnungsweise setzt man den Dampfverbrauch gleich der Summe des aus dem Diagramm bestimmbaren nutzbaren Dampfverbrauches C_i', den Kondensationsverlusten C_i'' und den Lässigkeitsverlusten C_i'''. Die beiden letzteren können, zumal für Betrieb mit Heißdampf, nach den Hrabákschen Tabellen erfahrungsgemäß mit großer Sicherheit eingeschätzt werden. Über das Wachsen des Dampfverbrauches mit dem Gegendruck geben die Diagramme ebenfalls die beste Auskunft. Es liegen hierfür aber auch Versuche Eberles [8])[9]) an einer Einzylinder- und an einer Zweizylindermaschine vor, welche ein Steigen des Dampfverbrauches proportional mit der Erhöhung des Gegendruckes lehren. Eberle hat in vielen Veröffentlichungen des bayerischen Revisionsvereins unermüdlich auf die Vorteile der Abdampfverwertung aufmerksam gemacht, und ihm ist es hauptsächlich zu danken, daß schon im Jahre 1902 67 Proz. der in bayerischen Brauereien aufgestellten

[7]) J. Hrabák, Hilfsbuch für Dampfmaschinentechniker. — id., Theorie und praktische Berechnung der Heißdampfmaschinen.

[8]) Ch. Eberle, Einfluß des Gegendruckes und der Zwischendampfentnahme auf den Dampfverbrauch von Kolbenmaschinen. Zeitschr. d. bayr. Rev. Ver. 1907, S. 85, 96, 119 und 133.

[9]) E. Josse, Neuere Wärmekraftmaschinen, S. 52.

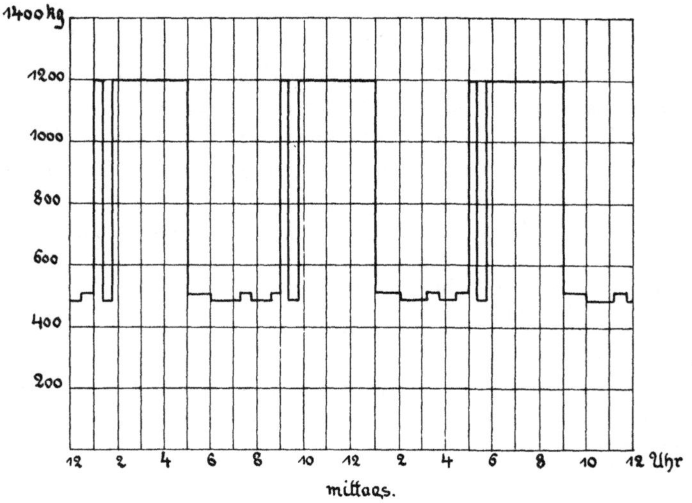

Fig. 9.
Bedarf einer Brauerei in Abdampf für Warmwasserbereitung an einem Betriebstag.

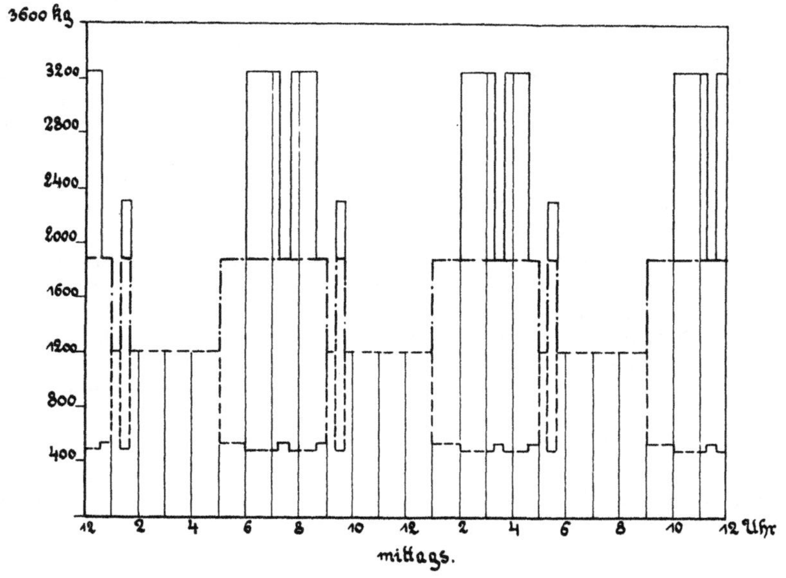

Fig. 10.
Gesamtdampfbedarf einer Brauerei an einem Betriebstag.

- - - - - Abdampf
—.—.— Zwischendampf
——— Zusatzdampf (gedrosselter Frischdampf).

Dampfmaschinen mit Abdampfverwertung betrieben wurden. Auf die lehrreichen Rechnungs- und Betriebsergebnisse Eberles und anderer Autoren hinsichtlich der Abdampfverwertung zu Heiz-, Koch- und Trocknungszwecken sei an dieser Stelle besonders verwiesen [10—32].

Die Einführung der Abdampfheizung hat in Brauereien, Mälzereien, Spinnereien, Bleichereien, Färbereien, Wäschereien, in chemischen

---

[10]) Ch. Eberle, Die Wärmeausnützung in den Dampfanlagen. Z. d. b. R. V. 1902, S. 1.

[11]) id., Der Einfluß der Dampfkochung auf die Dampfanlagen der Bierbrauereien. Z. d. b. R. V. 1902, S. 106.

[12]) id., Die neue Dampfanlage der Pschorrbrauerei in München. Z. d. b. R. V. 1904, S. 183.

[13]) id., Neue Dampfanlage einer Papierfabrik. Z. d. b. R. V. 1906, S. 51.

[14]) id., Abdampfkochung für kleinere und mittlere Bierbrauereien. Z. d. b. R. V. 1906, S. 143.

[15]) id., Die neue Dampfanlage der Altenburger Aktienbrauerei in Altenburg. Z. d. b. R. V. 1907, S. 31.

[16]) id., Verbesserung einer Dampfanlage. Z. d. b. R. V. 1907, S. 75.

[17]) id., Dampfanlage der „Münchner Neuesten Nachrichten". Z. d. b. R. V. 1907, S. 175 und 187.

[18]) id., Die neue Dampfanlage der Aktienbrauerei zum Löwenbräu und der Freiherrl. von Tucherschen Brauerei A.-G. in Nürnberg. Z. d. b. R. V. 1908, S. 77 und 102.

[19]) id., Die Dampf- und elektrischen Einrichtungen der zweiten oberfränkischen Heil- und Pflegeanstalt Kutzenberg. Z. d. b. R. V. 1908. S. 155, 165 und 178.

[20]) id., Neue Dampf- und Kraftanlage einer Papierfabrik. Z. d. b. R. V. 1909, S. 41 und 54.

[21]) id., Ausnützung des Maschinendampfes zu Heizzwecken. Z. d. b. R. V. 1909, S. 76.

[22]) id., Neuzeitliche Dampfanlagen. Z. d. V. D. Ing. 1908, S. 687 und 735.

[23]) Reischle und Eberle, Die technischen Hauptergebnisse der Tätigkeit des bayerischen Dampfkessels-Revisionsvereins. Z. d. V. D. Ing. 1903, S. 1039.

[24]) F. Knüttel, Verwendung von Heizdampf aus der Zwischenkammer von Verbundmaschinen. Z. d. V. D. Ing. 1895, S. 1292.

[25]) W. Lynen, Die Wärmeausnützung bei der Dampfmaschine, Berlin 1901, S. 39 u. ff.

[26]) Rietschel, Fernheizungen. Z. d. V. D. Ing. 1902. S. 956.

[27]) E. Josse, Neuere Wärmekraftmaschinen, 1905, S. 13 und a. a. O.

[28]) W. Deinlein, Dampfmaschinen und Heizungsanlagen. Z. d. b. R. V. 1908, S. 13, 27, 35 und 48.

[29]) E. Josse, Neuere Kraftanlagen, München und Berlin 1909, S. 18 u. ff.

[30]) M. Tejessy, Die Abdampfverwertung. Z. d. Dampfkesseluntersuch.- u. Versich.-Gesellschaft 1909, S. 57, 76 und 92.

[31]) Tilly, Heizung, Warmwasserbereitung, Kraftbetrieb und Beleuchtung mit Niederdruck-Dampfturbinen bei Abdampfausnützung. Gesundh.-Ing. 1909, S. 587.

[32]) Verbindung von Bad und Elektrizitätswerk. Z. d. b. R. V. 1909, S. 20 und Eberle, Die neue Dampfanlage der Stuttgarter Badgesellschaft in Stuttgart. Z. d. b. R. V. 1910, S. 96.

und Papierfabriken, Braunkohlenbrikettwerken und Ziegeleien, im Hotelbetrieb, Badeanstalten, Krankenhäusern und Versorgungsanstalten, in Geschäftshäusern und Bureaugebäuden, mit einem Wort überall, wo ein gleichzeitiger Bedarf an niedrig gespanntem Dampf und mechanischer oder elektrischer Energie vorhanden ist, meist ganz erheblichen Nutzen zur Folge. Durch die Ausnützung der Abwärme zu Heizzwecken ist die Dampfmaschine in die Lage versetzt, einen beträchtlichen Teil des Gebietes, das sie an den Explosionsmotor verloren hat, wieder zurückzuerobern. Der hohe thermische Wirkungsgrad der Motoren mit flüssigem Brennstoff wird durch die äußerst vorteilhafte Gesamtwärmeausnützung der Kraft-Heizungsmaschine weit überholt. Die Abgase der Verbrennungsmotoren kommen aus mehrfachen Gründen für Heizzwecke nicht in Frage. 1 kg dieser Gase von 400° C Temperatur geben bei Abkühlung auf 20° C etwa 90 Kal. ab, 1 kg trockener Auspuffdampf von atmosphärischer Spannung dagegen 600 Kal. Ferner übertragen die Gase ihren Wärmeinhalt viel langsamer und unvollständiger an die Heizflächen als der die Wärme vorzüglich leitende nicht überhitzte Dampf. Auch die chemischen Eigenschaften der Abgase verbieten zuweilen ihre Verwendung als Heizungsmittel. Die Verwertung des Kühlwassers aus Zylindermantel, Zylinderdeckel, Kolben usw. hat keine wirtschaftliche Bedeutung, weil es erstens nur in geringen Mengen zur Verfügung steht (beim Dieselmotor 10 bis 15 l pro PS_e-Stde.) und zweitens nur die mäßige Temperatur von ca. 70° C besitzt.

Ist nun die Frage der Wirtschaftlichkeit der Auspuff- oder Gegendruckmaschine einfach zu beantworten, so ist der Fall entschieden verwickelter, sobald es sich um die Maschine mit Zwischendampfentnahme handelt. Hier beeinflussen drei Veränderliche den Dampfverbrauch der Maschine, nämlich die Höhe der Zwischendampfentnahme, der Zwischendampfdruck und die Belastung der Maschine. Da aber der Dampfverbrauch immer die Grundlage einer Rentabilitätsrechnung ist, so kommt es vor allem darauf an, ihn genau zu ermitteln. Vorliegende Arbeit beabsichtigt vorzugsweise, den Einfluß der Zwischendampfentnahme auf die Dampf- und Wärmeökonomie der Kolbenmaschine klarzustellen, und zwar soll an Hand zuverlässig ermittelter Dampfverbrauchsziffern ein kritischer Vergleich der verschiedenen Möglichkeiten der Zwischendampfentnahme angestellt werden. An Hand eines durchgerechneten Beispieles aus der Praxis mögen dann schließlich noch einige allgemeine Betrachtungen folgen.

Der Dampfverbrauch soll, wie bereits erwähnt, aus drei Summanden zusammengesetzt werden, dem nutzbaren Dampfverbrauch, der aus dem Diagramm gefunden wird, und den Verlusten durch Kondensation und Lässigkeit. Die Hrabákschen Angaben der letzteren gelten zwar nur für Kondensations- und für Auspuffmaschinen ohne Zwischendampfentnahme. Es ist aber kein Grund einzusehen, weshalb sich diese von den Verlusten einer Maschine mit Zwischendampfentnahme wesentlich unterscheiden sollen. Jedenfalls nehmen bei Zwischendampfentnahme die Verluste durch Kondensation und Lässigkeit nicht zu, denn bei hohem Aufnehmerdruck wird sowohl das Temperaturgefälle als auch das Druckgefälle gleichmäßiger auf beide Zylinder verteilt, was eher eine Abnahme der Verluste als eine Zunahme derselben wahrscheinlich macht. Man erhält also jedenfalls kein beschönigtes Bild vom Dampfverbrauch einer Maschine mit Zwischendampfentnahme, wenn man ihre Abkühlungs- und Lässigkeitsverluste jenen einer gewöhnlichen Verbundmaschine gleichsetzt. Da übrigens bei der Verwendung überhitzten Dampfes, der jetzt doch in den meisten Fällen in Betracht kommt, die Kondensationsverluste eine untergeordnete Rolle neben dem nutzbaren Dampfverbrauch spielen, so würde eine etwas fehlerhafte Einschätzung derselben die Ermittlung des Gesamtdampfverbrauches nur unerheblich fälschen. Den nutzbaren Dampfverbrauch ermittelt man vorteilhaft aus den Dampfdiagrammen, da diese auch sonstige zur Beurteilung der Maschine wichtige Anhaltspunkte liefern. Den Dampfverbrauch der Maschine mittels des indizierten Wirkungsgrades aus der Gleichung

$$D_i = \frac{632}{\eta_i \cdot \Phi_i}$$

zu bestimmen, worin Φ_i das adiabatische Wärmegefälle pro 1 kg Dampf zwischen Dampfanfangs- und Endzustand darstellt, ist nicht zu empfehlen. Im indizierten Wirkungsgrad sind nicht nur die Abkühlungs- und Dampflässigkeitsverluste, sondern auch die Verluste durch unvollständige Expansion und durch Drosselung in den Ein- und Ausströmwegen enthalten. Diese auf den Dampfverbrauch schädlichen Einflüsse können nur durch Zeichnung des Dampfdiagrammes angemessen berücksichtigt werden.

Es ist nun unsere Aufgabe, die Dampfdiagramme richtig, d. h. in möglichster Übereinstimmung mit den später von der ausgeführten Maschine zu erwartenden Indikatordiagrammen, zu entwerfen. Wir werden zunächst die Änderung des Dampfverbrauches einer Maschine untersuchen, welcher bei verschiedenen Belastungen verschiedene Mengen von Zwischendampf konstanter Spannung entnommen werden. Später wollen wir uns die Belastung konstant denken und verschiedene Zwischendampfspannungen annehmen. Die entnommene Zwischendampfmenge betrage 0 bis 50 Gewichtsprozente der in die Maschine geleiteten Dampfmenge, der Anfangsdruck des Dampfes vor der Maschine $14^1/_2$ Atm.*) und seine Einströmtemperatur 300° C. Der Gegendruck im Niederdruckzylinder sei 0,55 Atm. unter der Voraussetzung, daß der Abdampf der Maschine zum Anwärmen von Wasser auf ca. 80° C Verwendung finde. Schließlich soll noch gezeigt werden, wie hoch sich der Dampfverbrauch unter sonst gleichen Bedingungen, jedoch bei einem normalen Vakuum von 80 Proz. im Niederdruckzylinder, stellt.

II. Dampf- und Wärmeverbrauch einer Verbundmaschine bei verschiedenen Belastungen und steigender Zwischendampfentnahme von 5 Atm. abs. Spannung.

Die Hauptabmessungen der Maschine, für welche die Untersuchungen durchgeführt werden sollen, sind wie folgt angenommen:

Hochdruckzylinderdurchmesser . .	500 mm
Niederdruckzylinderdurchmesser . .	750 ,,
Kolbenhub	1100 ,,
Umdrehungen pro Minute	107

Daraus berechnen sich folgende Werte:

Mittlere Kolbengeschwindigkeit	3,92 m/sec
,, nutzbare Hochdruckkolbenfläche . .	1900 cm²
,, ,, Niederdruckkolbenfläche .	4280 ,,
Mittleres Hochdruckhubvolumen	0,2090 m³
,, Niederdruckhubvolumen	0,4708 ,,

Das Zylindervolumenverhältnis $\frac{1}{2,25}$ ist so groß gewählt, weil bei Zwischendampfentnahme nur mehr ein Teil des Dampfes im Niederdruckzylinder arbeitet, so daß der Hochdruckzylinder zur Arbeitsleistung besonders herangezogen wird.

Zeichnung der Dampfdiagramme.

Die indizierte Leistung und der Dampfverbrauch der Maschine mit den angegebenen Abmessungen wurden für vier Belastungsstufen aus 24 Tandemverbund-Diagrammen festgestellt. Um die wünschenswerte Genauigkeit beim Aufzeichnen zu erzielen, wurde als Druck-

*) Siehe Fußnote 5.

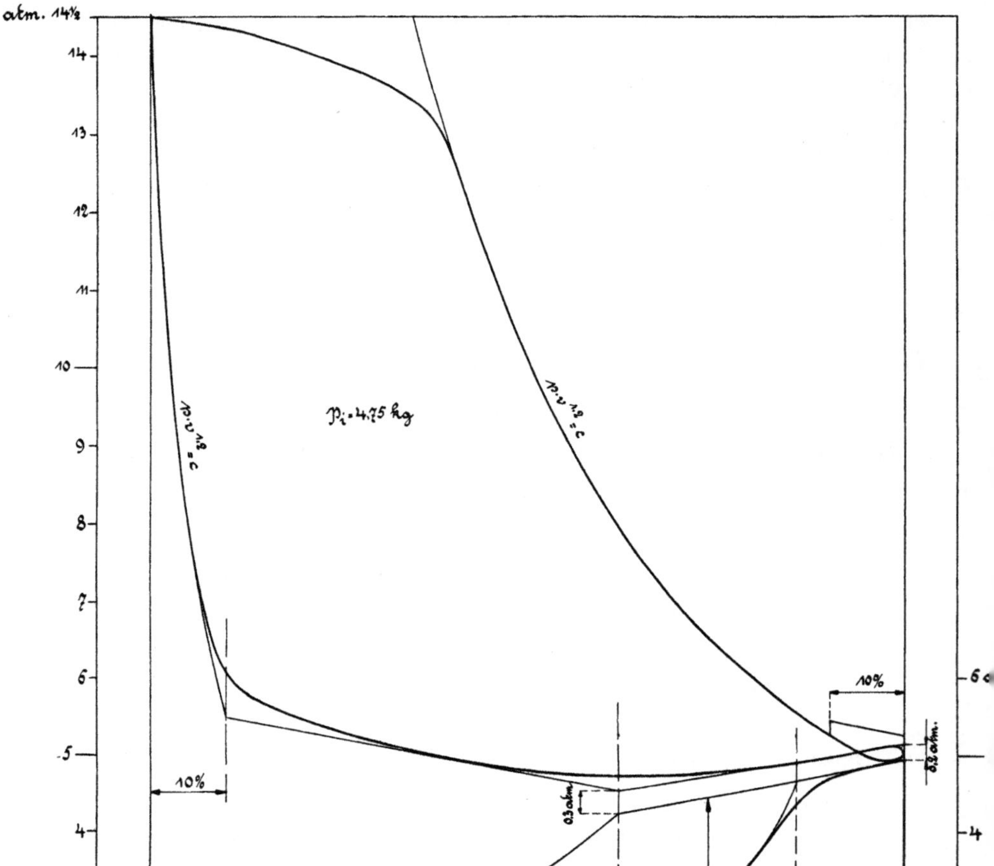

Fig. 11.
Diagramm mit 52 % Zwischendampfentnahme.

maßstab 1 Atm. = 20 mm und als Volumenmaßstab 1 Proz. des Hubvolumens = 2 mm gewählt. Ein Original-Diagramm ist in Fig. 11 im Maßstab 1:2 dargestellt.

Der schädliche Raum beider Zylinder ist mit 7 Proz. des Hubvolumens, die Größe des Aufnehmers gleich dem Inhalt des Niederdruckzylinders angenommen. Voraustritt und Kompression beginnen im Hochdruckzylinder 10 Proz. vor Hubende, im großen Zylinder 10 bzw. 25 Proz. Erfahrungsgemäß erleidet der einströmende Dampf in Maschinen mit der angegebenen Kolbengeschwindigkeit einen Spannungsverlust von etwa $1\frac{1}{2}$ Atm. Dieser Drosselverlust ist in der Senkung der Einströmlinie ausgedrückt. Die Untereinanderzeichnung gleichzeitig abgenommener Indikatordiagramme in der Art, wie Fig. 11 darstellt, ergab bei allen vom Verfasser untersuchten Fällen, daß die Einströmlinie im Niederdruckdiagramm um 0,1 bis 0,3 Atm. unter der Ausströmungslinie des Hochdruckdiagrammes

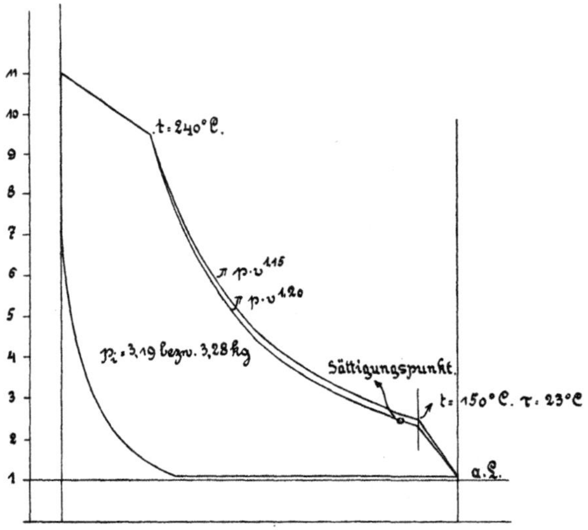

Fig. 12.

verläuft. Auch diese Erfahrung ist beim Entwurf der Dampfdiagramme berücksichtigt. Die Kompression erfolgt nach dem Gesetz $p \cdot v^{1,2} = \text{const.}$ im kleinen, nach dem Gesetz $p \cdot v^{1,0} = \text{const.}$ im großen Zylinder.

Von besonderem Einfluß auf den richtigen Entwurf der Dampfdiagramme ist die Wahl des Exponenten n der Expansionspolytrope $p \cdot v^n = \text{const.}$ des Hochdruckdiagrammes. In Fig. 12 sind Diagramme für gleiche Füllungsgrade und gleichen Kompressionsenddruck mit $n = 1,15$ und $n = 1,20$ gezeichnet.

Das arbeitende Dampfgewicht ist in beiden Fällen offenbar dasselbe, weil die Füllungsgrade gleich sind; doch unterscheiden sich die mittleren indizierten Drücke um 0,09 Atm. oder um 3 Proz. des kleineren Wertes von p_i. Es sind noch zu wenig Erfahrungen gesammelt, um n für jeden Fall mit Sicherheit angeben zu können, jedoch steht fest, daß n um so größer ist, je höher die Überhitzung, der Füllungsgrad, die Kolbengeschwindigkeit und das Verhältnis:

$$\frac{\text{gesamtes Dampfvolumen}}{\text{gesamte dampfberührte Oberfläche}} = \frac{\text{Hubvolumen + schädlicher Raum}}{\text{Zylinder- + schädliche Oberfläche}} \text{ ist}$$ [33] [34] [35].

Verfasser hat an vielen abgenommenen Indikatordiagrammen den Exponenten n auf folgende Weise bestimmt. Aus der Gleichung der Expansionspolytrope $p \cdot v^n = c$ folgt:

$$\log p + n \cdot \log v = \log c = C.$$

Man kann nun log p als Abszisse, log v als Ordinate eines Punktes einer Geraden betrachten, deren Neigungswinkel gegen die Abszissenachse α ist, wobei $\operatorname{tg} \alpha = n$ ist. Wenn man für mehrere Punkte der Expansionslinie diese Koordinaten aufträgt und die erhaltenen Punkte verbindet, so bekommt man ein Bild vom Expansionsvorgang, das sich folgendermaßen deuten läßt. Ist der geometrische Ort jener Punkte eine Gerade, so ist der Exponent n über die ganze Expansionslinie konstant. Das trifft manchmal zu. Zuweilen erhält man als geometrischen Ort eine schwach nach unten konvexe Kurve. Man kann nun sowohl durch Legen der Tangente an diese Kurve für jeden beliebigen Punkt der Expansionslinie den Wert von n bestimmen als auch durch Ziehen der Sekante zwischen Anfangs- und Endpunkt einen Mittelwert für n finden. Die Expansion des gesättigten Dampfes erfolgt erfahrungsgemäß nach dem Gesetz der gleichseitigen Hyperbel, d. h. nach dem Gesetz $p \cdot v^{1,0} = c$. Bei mäßiger Überhitzung des Dampfes findet man fast stets, daß der Exponent n am Anfang der Expansionslinie größer als 1 ist, sich diesem Wert im Verlauf der Expansion aber immer mehr nähert, ihn schließlich erreicht und beibehält. Daraus ist zu schließen, daß der Dampf allmählich in den Sättigungszustand übergeht. Die Bestimmung des Sättigungspunktes ist auf S. 28 gezeigt. Bei den üblichen Füllungs- und Überhitzungsgraden fällt derselbe nahe an das Ende der Expansion im Hochdruckzylinder.

---

[33]) M. Schröter, Untersuchung einer Tandemverbundmaschine von 1000 PS. Z. d. V. D. Ing. 1902, S. 803.

[34]) M. Schröter und Dr. A. Koob, Untersuchung einer von van den Kerchove in Gent gebauten Tandemmaschine von 250 PS. Z. d. V. D. Ing. 1903, S. 1495, und Mitteilungen über Forschungsarbeiten, herausgegeben vom V. D. Ing., Heft 19.

[35]) Richter, Das Verhalten überhitzten Wasserdampfes in der Kolbenmaschine. Z. d. V. D. Ing. 1904, S. 617, und Mitteilungen über Forschungsarbeiten, Heft 30.

Nicht unerwähnt mag bleiben, daß der Untersuchung der Expansionslinie abgenommener Indikatordiagramme eine sorgfältige Kontrolle des Dichthaltens der Dampfein- und Auslaßorgane und die Prüfung der Indikatorfedern vorauszugehen hat, damit keine falschen Schlüsse entstehen. Eine beträchtliche Abweichung des Charakters der Expansions- oder der Kompressionskurve auf beiden Kolbenseiten kann geradezu benützt werden, um die Dampflässigkeit der Steuerungsorgane oder des Kolbens festzustellen. Während Schröter und Koob sowie Richter die Expansionskurve in zwei Teile zerlegen und den Exponenten n von Expansionsbeginn bis Hubmitte und von hier bis Voraustritt bestimmen, hat Verfasser beim Entwurf der Dampfdiagramme auf diese Zweiteilung verzichtet [36]. Die schon besprochene logarithmische Abbildung der Expansionslinie verlief nämlich bei den vom Verfasser untersuchten Indikatordiagrammen bald nach oben, bald nach unten konvex oder auch mit einem Wendepunkt, ohne daß eine Gesetzmäßigkeit festzustellen gewesen wäre. Vermutlich rührt diese Unstimmigkeit her von verschieden starkem Niederschlag des Dampfes an den Zylinderwandungen, von der Art und Intensität der Zylinderschmierung, ungleicher Wärmeableitung durch die Zylinderfüße oder das Zwischenstück usw. Die Expansionskurve im Hochdruckdiagramm ist daher als Polytrope mit nur einem Exponenten gezeichnet. Fiel der Sättigungspunkt, dessen Bestimmung später gezeigt wird, noch auf die Expansionskurve, so wurde von da ab mit der Hyperbel $p \cdot v^{1,0} = c$ fortgefahren.

Fig. 13 gibt eine aus 35 Versuchen gewonnene Darstellung der Abhängigkeit des mittleren Exponenten der Expansionslinie von der Überhitzung des eintretenden Dampfes über seine Sättigungstemperatur.

Die Punkte sind fortlaufend beziffert und in Tabelle I sind für jeden in der Abb. 13 eingetragenen Punkt der Zylinderdurchmesser und der Hub sowie die Kolbengeschwindigkeit und der Füllungsgrad der Versuchsmaschine mitgeteilt. Die Punkte 1—4 sind einer Veröffentlichung Holmboes in Dinglers Journal [37] [38] entnommen, und die durch diese Punkte gelegte Mittelwerts-Kurve zeigt, daß Holmboe damit so ziemlich das Richtige getroffen hat. Der Einfluß des Füllungsgrades ist deutlich erkennbar. Die Lage der Punkte 19

[36]) Vgl. O. Berner, Die Anwendung des überhitzten Wasserdampfes bei der Kolbenmaschine. Z. d. V. D. Ing. 1905, S. 1522.

[37]) Holmbø, Beiträge zur Theorie der Heißdampfmaschine. Dinglers polytechnisches Journ. 1909, S. 293; und Holmbø, Die Heißdampf-Schiffsmaschine, Berlin 1910, S. 7.

[38]) H. Wiegleb, Ergebnisse der Abnahmeversuche von einer von Haniel & Lueg gelieferten Tandem-Verbundmaschine. Z. d. V. D. Ing. 1908, S. 1111.

und 25, welchen gleiche Überhitzungen und fast gleiche Füllungen entsprechen, beweist, daß auf den Wert des Exponenten n noch andere Faktoren als Überhitzung, Füllungsgrad, Kolbengeschwindigkeit und Maschinengröße Einfluß haben.

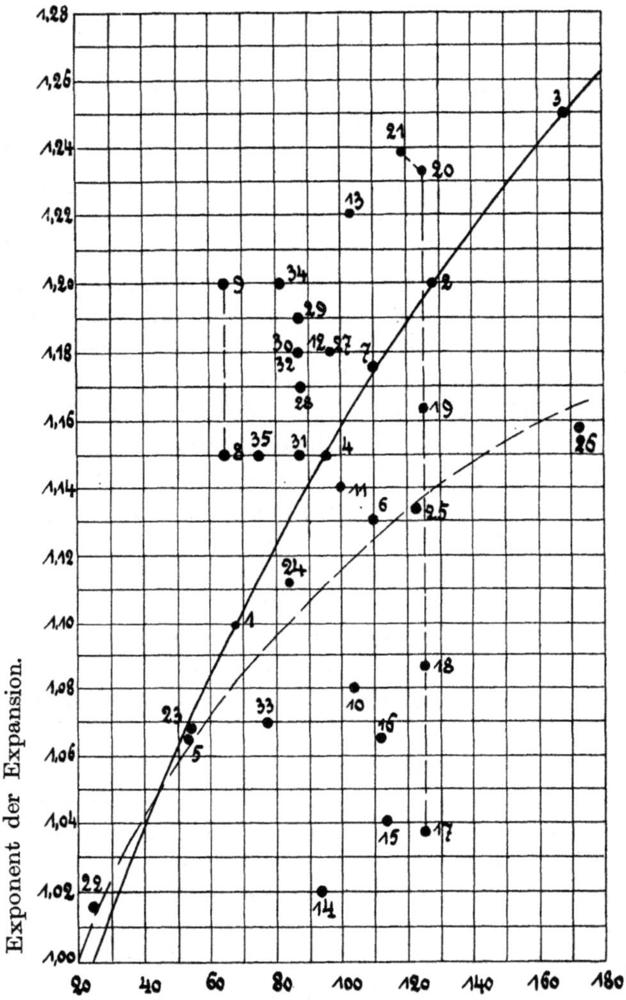

Fig. 13.

Die hiermit nachgewiesene praktische Unbestimmtheit von n sowie der Wunsch, die Untersuchung nicht unnötig zu komplizieren, legten die Wahl eines einzigen Expansionsexponenten für alle Hochdruckdiagramme nahe. Ohnedies ist, zu erwarten, daß der

Tabelle 1.

Lfd. Nr.	Füllungsgrad Proz.	Mittlere Kolbengeschwindigkeit m pro Sek.	Zylinderdurchmesser mm	Hub mm	Mitgeteilt von
1	44	3,34	545	500	Holmbö
2	32	2,91	475	700	„
3	27	2,5	300	500	„
4	26	3,55	470	850	Wiegleb
5	17	4,4	770	1400	Schneider
6	20	3,75	425	900	„
7	35	3,75	425	900	„
8	20	3,75	450	900	„
9	35	3,75	450	900	„
10	9	3,62	610	1300	Schröter
11	21	3,62	610	1300	„
12	26	3,62	610	1300	„
13	39	3,62	610	1300	„
14	20	2,25	270	500	Richter
15	20	2,25	270	500	„
16	26	2,25	270	500	„
17	9,2	3,60	325	850	Schröter & Koob
18	15,7	3,60	325	850	„
19	23	3,60	325	850	„
20	33	3,60	325	850	„
21	41	3,60	325	850	„
22	21,5	3,60	325	850	„
23	23	3,60	325	850	„
24	24	3,60	325	850	„
25	23,5	3,60	325	850	„
26	25	3,60	325	850	„
27	27	2,42	225	600	Eberle
28	29	2,42	225	600	„
29	34	2,42	225	600	„
30	38	2,42	225	600	„
31	22	2,42	225	600	„
32	25	2,42	225	600	„
33	16,5	2,42	225	600	„
34	42	2,42	225	600	„
35	31	2,42	225	600	„

hohe, gleichbleibende Aufnehmerdruck den Einfluß des Füllungsgrades auf die Größe des Exponenten n aufhebt. Während bei der normal arbeitenden Verbundmaschine mit abnehmender Füllung des

Hochdruckzylinders der Gegendruck in diesem Zylinder sinkt, soll er in unserem Fall konstant bleiben und höher als üblich sein. Folge davon ist, daß bei der Ausströmung aus dem Hochdruckzylinder in diesem eine annähernd konstante, vom Füllungsgrad ziemlich unabhängige Temperatur herrscht, so daß auch die mittlere Wandungstemperatur gleichmäßig hoch und fast unbeeinflußt von der Füllungsänderung bleibt. Die Wandungstemperatur aber wirkt hauptsächlich auf die Größe von n bestimmend ein. Die Überhitzung des eintretenden Dampfes von $14^1/_2$ Atm. Spannung und

750 PS_e.

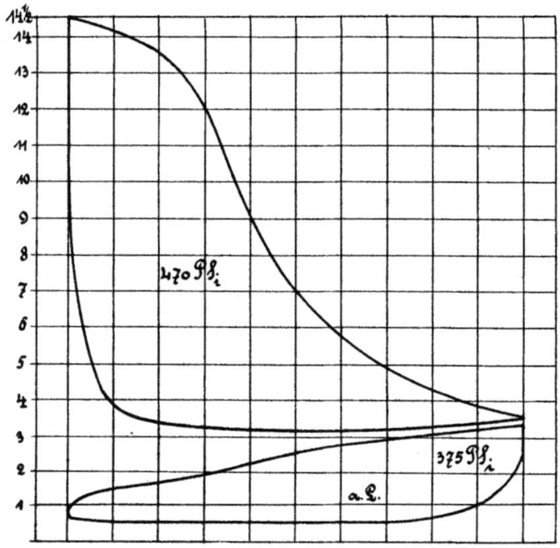

Fig. 14.
Normales Diagramm ohne Zwischendampfentnahme.

300^0 C Temperatur beträgt $300^0 - 195^0 = 105^0$. Dieser Betrag, die hohe Kolbengeschwindigkeit und die Maschinengröße lassen eine Wahl von $n = 1{,}2$ für die Expansionslinie im Hochdruckdiagramm als begründet erscheinen. In Fig. 14 ist das Tandem-Diagramm verkleinert abgebildet, welches der normalen Arbeitsweise der Maschine (Spitze im Hochdruckdiagramm, ca. $^3/_4$ Atm. Enddruck über die Gegenspannung im Niederdruckdiagramm) entsprechen würde. Die Leistung der beiden Zylinder beträgt dabei 750 PS_e.

Einige Diagramme für $^4/_4$, $^3/_4$, $^2/_4$ und $^1/_4$ Belastung ohne und mit Zwischendampfentnahme von 5 Atm. Spannung sind in Fig. 15 bis 22 dargestellt. Die Maximalleistung der Maschine ist mit 1000 eff. Pferdestärken angenommen.

1000 PS_e.

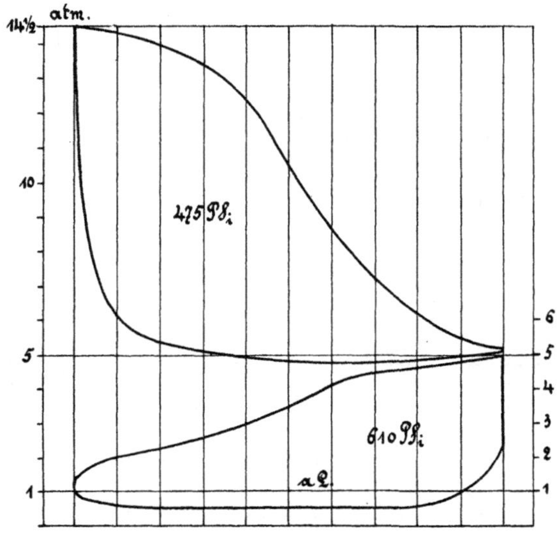

Fig. 15.
Ohne Zwischendampfentnahme.

1000 PS_e.

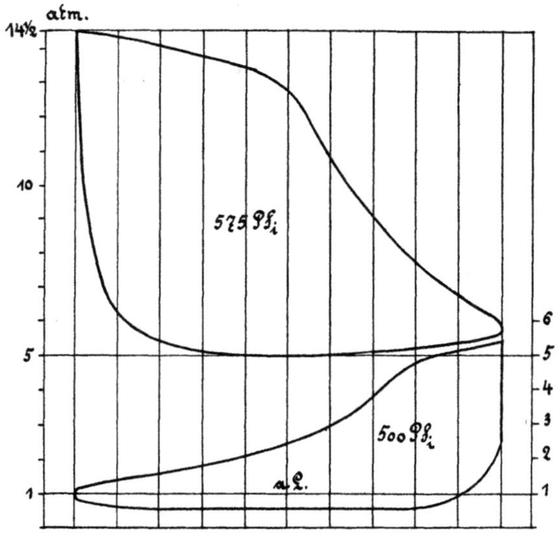

Fig. 16.
46 Proz. Zwischendampfentnahme.

750 PS_e.

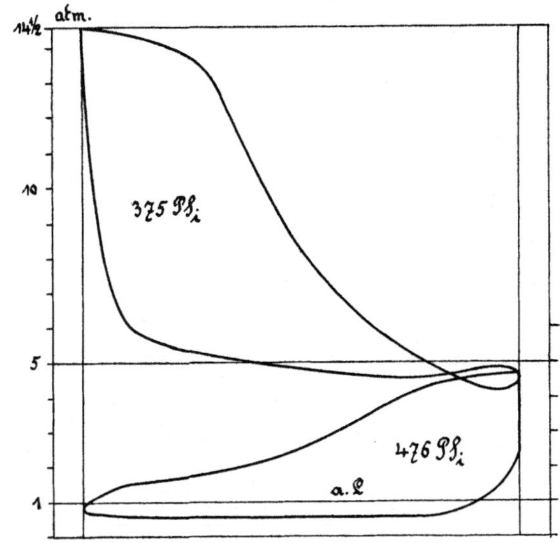

Fig. 17.
Ohne Zwischendampfentnahme.

750 PS_e.

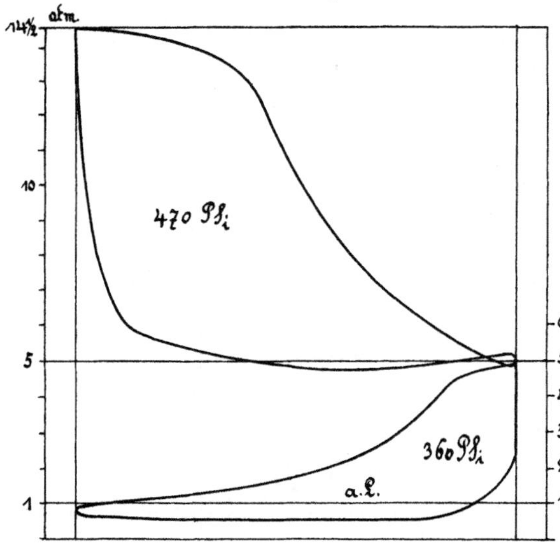

Fig. 18.
52 Proz. Zwischendampfentnahme.

500 PS_e.

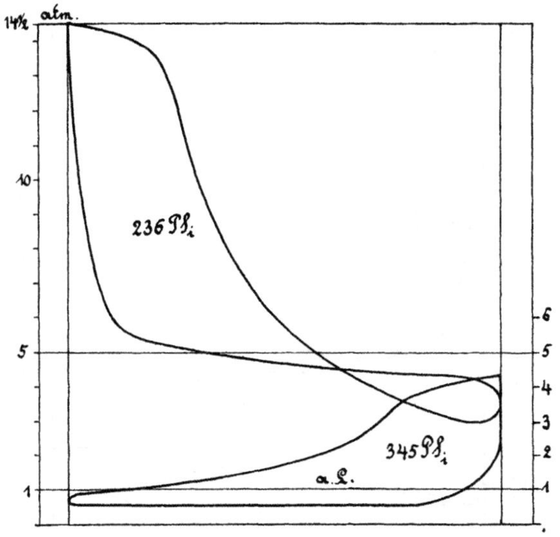

Fig. 19.
Ohne Zwischendampfentnahme.

500 PS_e.

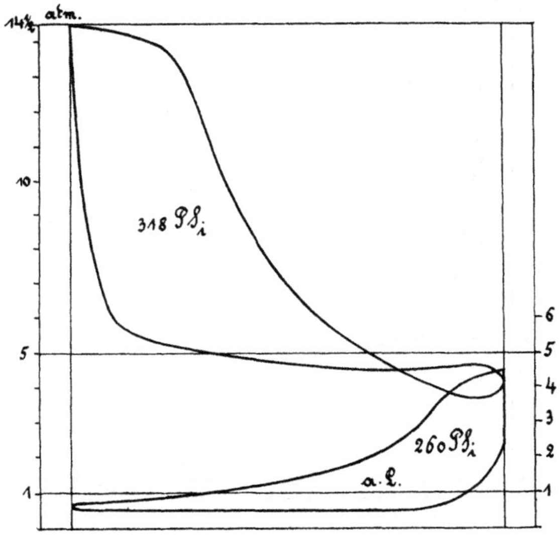

Fig. 20.
46 Proz. Zwischendampfentnahme.

250 PS_e.

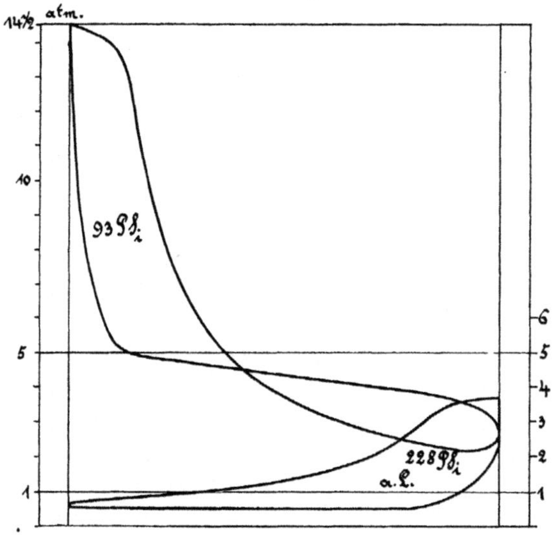

Fig. 21.
Ohne Zwischendampfentnahme.

250 PS_e.

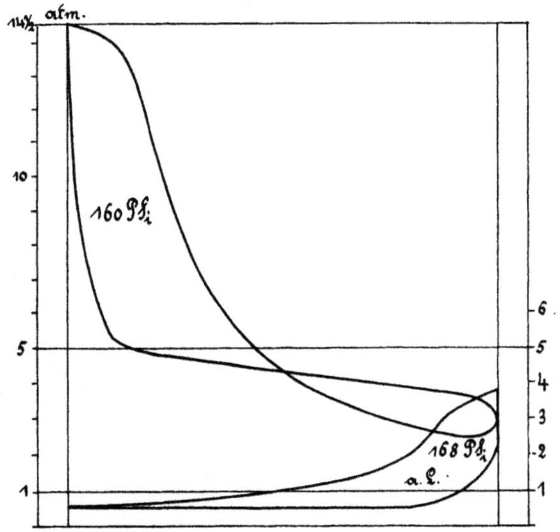

Fig. 22.
37 Proz. Zwischendampfentnahme.

Die Schleifenbildung im Hochdruckdiagramm wurde in der Annahme des mechanischen Wirkungsgrades berücksichtigt.

Letzterer wurde gewählt bei

$^4/_4$	$^3/_4$	$^2/_4$	$^1/_4$	Belastung.
0,92	0,89	0,86	0,77.	

Es erübrigt noch zu zeigen, wie auf der Expansionspolytrope der Sättigungspunkt gefunden werden kann, d. h. jener Punkt, wo Druck, spez. Volumen und Temperatur jenen des trocken gesättigten Dampfes entsprechen. Ist der Druck, das spezifische Volumen und die Temperatur des Dampfes bei Expansionsbeginn bekannt, so kann man die Temperatur des Dampfes bei Voraustritt mittels der Zustandsgleichung von Battelli-Tumlirz bestimmen, welche lautet:

$$p\,v = B\,T - C\,p \quad ^{39-41}).$$

Hier bedeutet p den absoluten Druck in kg pro qm, v das spezifische Volumen in cbm pro kg, T die absolute Temperatur und B und C Konstante im Werte von 47,1 bzw. 0,016. Aus dieser Gleichung folgt:

$$T = \frac{p\,v + C\,p}{B}.$$

Bezeichnet T_a die Dampftemperatur und p_a den Druck bei Expansionsbeginn, so ist das zugehörige spezifische Volumen

$$v_a = \frac{B\,T_a}{p} - C.$$

Das Volumen des Dampfes bei Beginn der Expansion sei A, am Ende derselben E, so beträgt im letzten Punkt das spezifische Volumen

$$v_e = v_a \frac{E}{A},$$

da

$$\frac{A}{v_a} = \frac{E}{v_e}$$

gleich dem arbeitenden Dampfgewicht ist. Die Temperatur des Dampfes bei Voraustritt bestimmt sich somit zu

$$T_e = \frac{p_e\,v_e + C\,p_e}{B},$$

wenn p_e der Druck, v_e das spez. Dampfvolumen im Punkte „Voraustritt“ ist. Statt mit dem wirklichen Volumen A und E zu

[39]) A. Battelli, Memorie della R. Accademia delle scienze di Torino, Ser. II 40, S. 21, 1890, und 43, S. 63, 1893.

[40]) Tumlirz, Die Zustandsgleichung des Wasserdampfes. Sitz.-Ber. d. k. k. Akad. d. Wiss., Math.-Naturw. Kl., Wien 1899, IIa, S. 1058.

[41]) Eine Kritik der Gleichung von Battelli-Tumlirz gibt Linde in den Mitt. üb. Forschungsarb., herausgegeben vom Ver. d. Ing., Heft 21, S. 63 u. ff.

rechnen, kann man, wie in Fig. 23 dargestellt, einfach die Horizontalen A und E in Längeneinheiten ausgedrückt nehmen. Ebenso wie für den Punkt „Voraustritt" läßt sich natürlich nach diesem einfachen Verfahren die Dampftemperatur für jeden Punkt der Expansionslinie bestimmen. Mißt man die Dampftemperatur im Aufnehmer unmittelbar hinter dem Hochdruckzylinder, so kann man rückwärts die Temperatur bei Expansionsbeginn rechnen und, wenn die Dampftemperatur vor dem Hochdruckzylinder bekannt ist, den Temperaturabfall des Dampfes während der Füllungsperiode angeben.

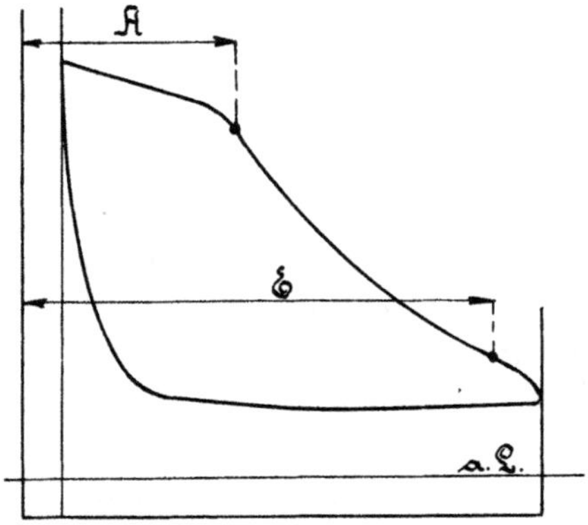

Fig. 23.

Auf Grund von Beobachtungen dieser Art, die an ausgeführten Maschinen angestellt wurden, läßt sich der Temperaturverlust während der Einströmung im vorliegenden Fall auf etwa 20° einschätzen und damit die Temperatur des Dampfes bei Beginn der Expansion als bekannt betrachten. Es ergibt sich alsdann durch Rechnung, daß bei $^4/_4$ Belastung der Dampf den ersten Zylinder um 18—30° überhitzt verläßt (vgl. Fig. 34), während bei $^3/_4$ Belastung die Temperatur T_e mit der Sättigungstemperatur für den Druck p_e zusammenfällt. Bei $^2/_4$ und $^1/_4$ Belastung liegt der Sättigungspunkt auf der Expansionslinie, welche von diesem Punkt an als Hyperbel gezeichnet wurde. Um die Lage des Sättigungspunktes zu finden, ist nur nötig, jenen Punkt der Expansionslinie aufzusuchen, wo das gerechnete spez. Volumen mit dem spez. Volumen gesättigten Dampfes vom entsprechenden Druck übereinstimmt. Nicht unerwähnt soll bleiben, daß das mittels der für technische Zwecke gut brauchbaren Zustandsgleichung von Battelli-Tumlirz berechnete spez. Volumen des überhitzten Dampfes mit jenem aus der i-p-Tafel Molliers *) nicht ganz übereinstimmt. Die Molliersche Tafel ist nach der Zustandsgleichung von Callendar [42—43]) berechnet.

Zur raschen Bestimmung des spez. Volumens v_a kann die

*) Siehe Fußnote 2.

[42]) Callendar, On the thermodyn. properties of Gases and Vapours. Proc. of the Royal Soc. Vol. 67, 1901.

[43]) Eine Kritik dieser Zustandsgleichung geben Linde in Heft 21 der Forschungsarbeiten, S. 66, und Knoblauch und Jakob in Heft 35, 36 der Forschungsarbeiten S. 150.

v-t-Tafel Fig. 24 *) dienen. Sie ist nach der Zustandsgleichung von Battelli-Tumlirz berechnet und gestattet die rasche Ermittlung des spez. Dampfvolumens bei Temperaturen bis 400° C und Drücken von 5 bis 20 Atm. Auf der Sättigungslinie sind die Regnaultschen Werte aufgetragen. Die größte Abweichung der letzteren von den Werten nach Battelli-Tumlirz beträgt zwischen 8 und 14 Atm., also im häufig vorkommenden Gebiet, 1 Proz.

Dampf- und wärmeökonomische Betrachtungen.

Der Dampfverbrauch der Maschine wurde berechnet aus dem

nutzbaren Dampfverbrauch . . . C_i',
den Kondensationsverlusten . . . C_i'',
und den Lässigkeitsverlusten . . C_i'''.

Der nutzbare Dampfverbrauch pro Hub beträgt

$$\frac{\frac{s+f}{100} \cdot V}{v_a} - \frac{\frac{s+c}{100} \cdot V}{v_c}.$$

Hierin ist s der schädliche Raum, f der Füllungsgrad, c der Kompressionsgrad des Hochdruckzylinders in Prozenten des Hochdruckhubvolumens V, v_a das spezifische Dampfvolumen bei Expansions- und v_c bei Kompressionsbeginn.

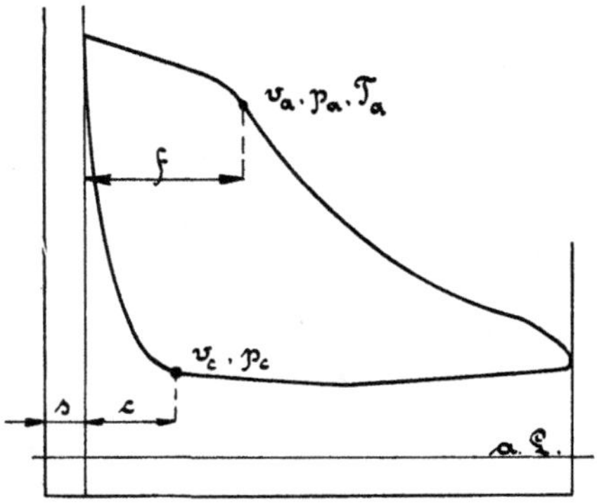

Fig. 25.

v_c wurde gleichgesetzt dem spezifischen Volumen trocken gesättigten Dampfes von der Spannung p_c. (Vgl. Fig. 25.)

Letztere Annahme ist wahrscheinlich nicht zutreffend [44]), mangels anderer Angaben jedoch nicht zu umgehen; der zu erwartende kleine Fehler wird das Resultat nur unerheblich beeinflussen. Die Dampfverluste C_i'' und C_i''' sind nach den Tabellen von Hrabák berechnet, und zwar ist C_i'' für alle Belastungen = 0,35 kg pro indizierte Pferdekraft und Stunde; C_i''' beträgt

*) Am Schluß des Textes.

[44]) Vgl. Klemperer, Versuche über den ökonomischen Einfluß der Kompression bei Dampfmaschinen. Forschungsarbeiten, herausgegeben v. V. D. Ing., Heft 24.

bei 4/4	Belastung	0,25	kg pro	PS_i-Std.
„ 3/4	„	0,25	„	„
„ 2/4	„	0,27	„	„
„ 1/4	„	0,30	„	„ *)

Die stündlich in die Maschine gelangten Wärmemengen bestimmen sich, von der Temperatur 0° C ab gerechnet, zu:

$$W = C_i \,.\, N_i\,(666{,}17 + c_p \,.\, [300 - 195{,}6]) = C_i \,.\, N_i \,.\, 723{,}97 \text{ Kal.}$$

Die mittlere spezifische Wärme c_p wurde nach Knoblauch und Jakob [45]) zu 0,553 bestimmt. Die folgende Tabelle 2 gibt die nach beiden erwähnten Forschern berechnete mittlere spez. Wärme im technisch wichtigen Bereich in Temperaturstufen von 10° und in Druckstufen von 1 Atm. an.

Von der der Maschine zugeführten Wärmemenge wird zunächst ein Teil im Hochdruckzylinder in indizierte Arbeit verwandelt, während ein kleiner Teil als Strahlungswärme und im Zylinderkondensat verloren geht. Die aus dem Aufnehmer entnommene Zwischendampfmenge ist auf folgende Weise bestimmt worden. Nach der rechnerischen Ermittelung jenes Füllungsgrades im Niederdruckdiagramm, für welchen der Kompressionsanfangsdruck im Hochdruckdiagramm 5½ Atm. beträgt, wurde die Füllung im Niederdruckzylinder so weit verkleinert, bis die Summe der Leistungen beider Zylinder die gewünschte war. Aus der Differenz der beiden Niederdruckfüllungen, der gerechneten und der eben gefundenen, kann das pro Hub entnommene Zwischendampfvolumen ermittelt werden. Der Zwischendampf ist in jedem Fall trocken gesättigt angenommen. Mittels des zum Druck p_m des

---

*) J. Hrabák, Theorie und praktische Berechnung der Heißdampfmaschinen: $C_i'' = 4{,}35 \,.\, 0{,}42 \,.\, 0{,}2 = 0{,}36$ kg pro PS_i-Std. bei 3,9 m/sec. Kolbengeschwindigkeit und 12 Atm. Anfangsdruck. $C_i''' = 0{,}2$ kg pro PS_i-Std. bei 4 m/sec. Kolbengeschwindigkeit und 1000 PSi Leistung.

Der naheliegende Schluß, daß die Dampfverluste pro PS_i-Stunde proportional mit sinkender Belastung zunehmen, wird durch Feststellungen Schröters, Molliers u. a. nicht bestätigt. Man findet bei Versuchen an ausgeführten Maschinen, daß der indizierte Wirkungsgrad, der Gütegrad oder der Dampfverbrauch pro PS_i-Std. in sehr weiten Grenzen fast unabhängig von der Belastung sind Das kann nur eintreten, wenn die spezifischen Verluste annähernd gleich groß bleiben, da auch der nutzbare Dampfverbrauch C_i' für alle Belastungen ziemlich gleich bleibt. Aus diesem Grunde sind die Abkühlungsverluste für alle Leistungen der Maschine konstant, die Lässigkeitsverluste mit sinkender Leistung nur wenig ansteigend angenommen worden. Hrabák sagt über die Veränderung der Lässigkeitsverluste mit der Belastung nichts aus, während er die Abkühlungsverluste nach dem Füllungsgrad im Zylinder abstuft.

[45]) Knoblauch und Jakob, Über die Abhängigkeit der spezifischen Wärme c_p des Wasserdampfes von Druck und Temperatur. Mitt. über Forschungsarbeiten, Heft 35 und 36.

Tabelle 2.

Mittlere spezifische Wärme des überhitzten Wasserdampfes zwischen der Sättigungstemperatur und der Temperatur t⁰ C nach Knoblauch und Jakob.

Druck atm. abs.		8	9	10	11	12	13	14	15	16
Sättigungstemp. t⁰ C		169,5	174,4	178,9	183,0	187,0	190,6	194,0	197,2	200,3
t⁰ C	T⁰ abs.									
200	473	0,560	0,578	0,597	0,616	0,635	0,656	0,677		
210	483	0,553	0,569	0,585	0,602	0,619	0,634	0,651		
220	493	0,547	0,562	0,576	0,589	0,604	0,618	0,633		
230	503	0,542	0,554	0,567	0,578	0,590	0,603	0,616		
240	513	0,537	0,548	0,560	0,569	0,580	0,590	0,601		
250	523	0,532	0,543	0,552	0,561	0,570	0,578	0,588	0,598	0,609
260	533	0,528	0,538	0,547	0,554	0,562	0,569	0,577	0,586	0,595
270	543	0,525	0,533	0,542	0,549	0,555	0,561	0,567	0,576	0,583
280	553	0,522	0,529	0,537	0,544	0,549	0,555	0,560	0,567	0,574
290	563	0,519	0,526	0,533	0,539	0,544	0,550	0,554	0,560	0,566
300	573	0,517	0,523	0,530	0,535	0,541	0,545	0,550	0,556	0,561
310	583	0,515	0,521	0,528	0,533	0,538	0,542	0,546	0,551	0,556
320	593	0,514	0,520	0,526	0,530	0,535	0,539	0,543	0,547	0,552
330	603	0,513	0,518	0,524	0,528	0,532	0,536	0,541	0,544	0,548
340	613	0,513	0,517	0,523	0,527	0,530	0,534	0,538	0,542	0,545
350	623	0,512	0,517	0,522	0,525	0,529	0,532	0,536	0,539	0,543
360	633	0,512	0,517	0,521	0,524	0,528	0,531	0,534	0,537	0,541
370	643	0,512	0,516	0,521	0,524	0,527	0,530	0,533	0,536	0,539
380	653	0,512	0,516	0,520	0,523	0,527	0,529	0,532	0,535	0,538
390	663	0,512	0,516	0,520	0,523	0,526	0,528	0,531	0,534	0,537
400	673	0,512	0,516	0,520	0,523	0,526	0,528	0,531	0,534	0,537

Dampfes (vgl. Fig. 11) gehörigen spez. Volumens wurde sein Gewicht berechnet.

Im Niederdruckzylinder wird abermals ein Teil der Wärmemenge, welche der Maschine zugeführt wurde, in indizierte Arbeit verwandelt, der Rest geht als Strahlungswärme und mit dem Zylinderkondensat verloren und verläßt als Abdampfwärme die Maschine. Die Abdampfmenge bestimmt sich als die Differenz der im Niederdruckzylinder bei Voraustritt befindlichen und der dort bei Beginn der Kompression zurückgehaltenen Dampfmenge. Zur Beurteilung des Dampfzustandes bei Voraustritt bedient man sich mit Vorteil des Mollierschen Diagrammes der Erzeugungswärme. Die Adiabate zwischen 14½ Atm. und 300⁰ und 0,55 Atm. endigt an der Kurve für 95 Proz. spez. Dampfmenge. Unter der Voraussetzung, daß vom adiabatischen Wärmegefälle etwa 70 Prcz. in der Maschine in indizierte Arbeit verwandelt werden, endet die Abbildung der Expansionslinie im i-p-Diagramm im Schnittpunkt der Gegendrucklinie mit der Kurve der spez. Dampfmenge x = 0,99. Man darf also den Abdampf mit sehr großer Annäherung als trocken gesättigt annehmen. Der Zustand der völligen Sättigung ist auch für den bei Kompressionsbeginn im Niederdruckzylinder verbleibenden Dampf vorausgesetzt. Von Wichtigkeit ist es, den Expansionsenddruck scharf zu bestimmen, weil bei kleinen Drücken

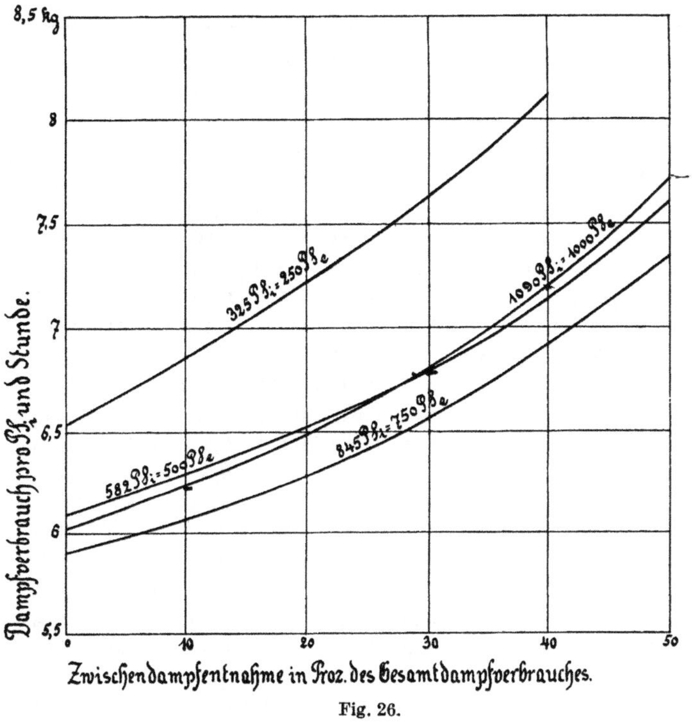

Fig. 26.

die spez. Dampfvolumina sich rasch ändern, und die Berechnung der Abdampfgewichte sehr fehlerhaft wird, wenn der Druck ungenau bestimmt ist.

In den Tabellen 3—6 sind die aus 23 Tandem-Dampfdiagrammen abgeleiteten Werte enthalten, die in den Fig. 26—34 graphisch dargestellt sind, und die die dampf- und wärmeökonomische Beurteilung der Dampfmaschine mit veränderlicher Zwischendampfentnahme und Belastung ermöglichen.

Was den Dampfverbrauch betrifft, so ist zunächst in Fig. 26 für die verschiedenen Belastungsstufen seine Abhängigkeit von der Zwischendampfentnahme in Prozenten des Gesamtdampfverbrauches dargestellt. Die Zunahme des Dampfverbrauches mit steigender Zwischendampf-

Tabelle 3.

$^4/_4$ Belastung.

Lfd. Nr.	Diagramm Nr.		1*)	2	3	4	5	6	7**)
1	Hochdruckleistung.	PS_i	475	489	503	519	534	550	575
2	Niederdruckleistung	,,	610	616	594	587	566	534	500
3	Gesamtleistung	,,	1085	1105	1097	1106	1100	1084	1075
4	,, ...	Kw.	687	700	695	700	697	688	677
5	Nutzbarer Dampfverbrauch C_i'	kg pro PS_i-Std.	5,42	5,48	5,66	5,82	6,07	6,42	6,90
6	Dampfverluste $C_i'' + C_i'''$ . .	,,	0,60	0,60	0,60	0,60	0,60	0,60	0,60
7	Spezifischer Dampfverbrauch	,,	6,02	6,08	6,26	6,42	6,67	7,02	7,50
8	,, ,,	kg pro Kw.-Std.	9,50	9,62	9,90	10,15	10,53	11,13	11,83
9	Der Maschine zugeführte Wärmemenge.	Kal. pro PS_i-Std.	4340	4400	4530	4640	4820	5080	5430
10	Dampfverbrauch	kg pro Std.	6525	6720	6860	7090	7330	7610	8055
11	Zwischendampfentnahme. . .	,,	0	142	710	1270	2010	2650	3700
12	,, in Proz des Dampfverbrauches	$\frac{\text{Pos 11}}{\text{Pos. 10}}$. 100 Proz.	0	2,12	10,35	17,9	27,4	34,8	46,0
13	Zwischendampfwärme	Kal pro Std	0	94 000	471 000	844 000	1 335 000	1 760 000	2 465 000
14	,, ...	Kal. pro PS_i-Std.	0	85	430	756	1215	1620	2300
15	Abdampfmenge	kg pro Std.	6100	5970	5650	5460	5040	4470	4020
16	Abdampfwärme	Kal. pro Std.	3 920 000	3 830 000	3 630 000	3 500 000	3 230 000	2 860 000	2 570 000
17	,, ...	Kal. pro PS_i-Std.	3610	3440	3310	3170	2940	2640	2400

Mechanischer Wirkungsgrad der Dampfmaschine 92 Proz. — Wirkungsgrad des Generators 93,5 Proz.

*) Fig. 15. — **) Fig. 16.

Tabelle 4.

3/4 Belastung.

Zwischendampfspannung 5 Atm.

Lfd. Nr.	Diagramm Nr.		1*)	2	3	4	5	6 **)
1	Hochdruckleistung	PS_i	375	390	405	420	445	470
2	Niederdruckleistung	„	476	468	427	418	391	360
3	Gesamtleistung	„	851	858	832	838	836	830
4	„	Kw.	519	523	507	510	509	505
5	Nutzbarer Dampfverbrauch C_i'	kg pro PS_i-Std.	5,33	5,50	5,90	6,07	6,47	6,88
6	Dampfverluste $C_i'' + C_i'''$	„	0,60	0,60	0,60	0,60	0,60	0,60
7	Spezifischer Dampfverbrauch	„	5,93	6,10	6,50	6,67	7,07	7,48
8	„ „	kg pro Kw.-Std.	9,74	10,00	10,65	10,95	11,60	12,30
9	Der Maschine zugeführte Wärmemenge	Kal. pro PS_i-Std.	4280	4410	4700	4820	5110	5410
10	Dampfverbrauch	kg pro Std.	5070	5240	5400	5580	5900	6200
11	Zwischendampfentnahme	„	0	750	1500	1920	2560	3200
12	„ in Proz. des Dampfverbrauches	$\frac{\text{Pos 11}}{\text{Pos 10}} \cdot 100$ Proz.	0	14,35	27,8	34,4	43,5	51,8
13	Zwischendampfwärme	Kal. pro Std.	0	489 000	980 000	1 252 000	1 670 000	2 085 000
14	„	Kal. pro PS_i-Std.	0	570	1180	1495	2000	2520
15	Abdampfmenge	kg pro Std.	4370	4100	3560	3390	3100	2800
16	Abdampfwärme	Kal. pro Std.	2 800 000	2 625 000	2 270 000	2 160 000	1 975 000	1 785 000
17	„	Kal. pro PS_i-Std.	3280	3060	2730	2580	2360	2150

Mechanischer Wirkungsgrad der Dampfmaschine 89 Proz. — Wirkungsgrad des Generators. 93 Proz.

*) Fig. 17. — **) Fig. 18

Tabelle 5.

$^2/_4$ Belastung.

Lfd. Nr.	Diagramm Nr.		1*)	2	3	4	5**)
1	Hochdruckleistung	PS_i	236	266	285	305	318
2	Niederdruckleistung	„	345	319	295	272	260
3	Gesamtleistung	„	581	585	580	577	578
4	„	Kw.	337	339	336	334	334
5	Nutzbarer Dampfverbrauch C_i'	kg pro PS_i-Std.	5,44	5,81	6,16	6,52	6,80
6	Dampfverluste $C_i'' + C_i'''$	„	0,62	0,62	0,62	0,62	0,62
7	Spezifischer Dampfverbrauch	„	6,06	6,43	6,78	7,14	7,42
8	„ „	kg pro Kw.-Std.	10,45	11,12	11,68	12,4	12,83
9	Der Maschine zugeführte Wärmemenge	Kal. pro PS_i-Std.	4390	4650	4900	5160	5370
10	Dampfverbrauch	kg pro Std.	3520	3760	3930	4120	4280
11	Zwischendampfentnahme	„	0	550	1210	1680	1960
12	„ in Proz. des Dampfverbrauches	$\frac{\text{Pos. 11}}{\text{Pos. 10}} \cdot 100$ Proz.	0	14,6	30,8	40,8	45,8
13	Zwischendampfwärme	Kal. pro Std.	0	358 000	790 000	1 095 000	1 278 000
14	„	Kal. pro PS_i-Std.	0	612	1360	1900	2220
15	Abdampfmenge	kg pro Std.	2940	2750	2450	2200	2050
16	Abdampfwärme	Kal. pro Std.	1 870 000	1 745 000	1 553 000	1 395 000	1 300 000
17	„	Kal. pro PS_i-Std.	3220	2980	2670	2420	2260

Mechanischer Wirkungsgrad der Dampfmaschine 86 Proz. — Wirkungsgrad des Generators 91,5 Proz.

*) Fig. 19. — **) Fig. 20.

Tabelle 6.

$\frac{1}{4}$ Belastung.

Lfd. Nr.	Diagramm Nr.		1*)	2	3	4	5**)
1	Hochdruckleistung	PS_i	93	114	129	148	160
2	Niederdruckleistung	,,	228	214	200	181	168
3	Gesamtleistung	,,	321	328	329	329	328
4	,,	Kw.	156	160	160	160	160
5	Nutzbarer Dampfverbrauch C_i'	kg pro PS_i-Std.	5,82	6,2	6,45	6,97	7,22
6	Dampfverluste $C_i'' + C_i'''$	,,	0,65	0,65	0,65	0,65	0,65
7	Spezifischer Dampfverbrauch	,,	6,47	6,85	7,10	7,62	7,87
8	,, ,,	kg pro Kw.-Std.	13,20	14,05	14,60	15,68	16,20
9	Der Maschine zugeführte Wärmemenge	Kal. pro PS_i-Std.	4680	4950	5140	5510	5690
10	Dampfverbrauch	kg pro Std.	2070	2250	2330	2500	2580
11	Zwischendampfentnahme	,,	0	235	350	670	950
12	,, in Proz. des Dampfverbrauches	$\frac{\text{Pos. 11}}{\text{Pos. 10}} \cdot 100$ Proz.	0	10,4	15	26,8	36,8
13	Zwischendampfwärme	Kal. pro Std.	0	153 000	228 000	436 000	618 000
14	,,	Kal. pro PS_i-Std.	0	467	694	1330	1880
15	Abdampfmenge	kg pro Std.	1950	1880	1860	1540	1370
16	Abdampfwärme	Kal. pro Std.	1 237 000	1 192 000	1 177 000	975 000	866 000
17	,,	Kal. pro PS_i-Std.	3870	3640	3580	2960	2640

Mechanischer Wirkungsgrad der Dampfmaschine 77 Proz. — Wirkungsgrad des Generators 86 Proz.

*) Fig. 21. — **) Fig. 22.

entnahme ist von $^4/_4$—$^2/_4$ Belastung sehr gleichmäßig. Die Kurven verlaufen nahezu äquidistant. Die Kurve für $^1/_4$ Belastung steigt etwas rascher an als die drei anderen. Umgerechnet auf die Kilowattstunde ist der Dampfverbrauch in Kurven gleicher Belastung für verschiedene Dampfentnahme in Fig. 27 graphisch aufgetragen. Diese Kurven verschieben sich etwas gegen jene in Fig. 26, was in der Abnahme des Wirkungsgrades von Maschine und Dynamo (vgl. die

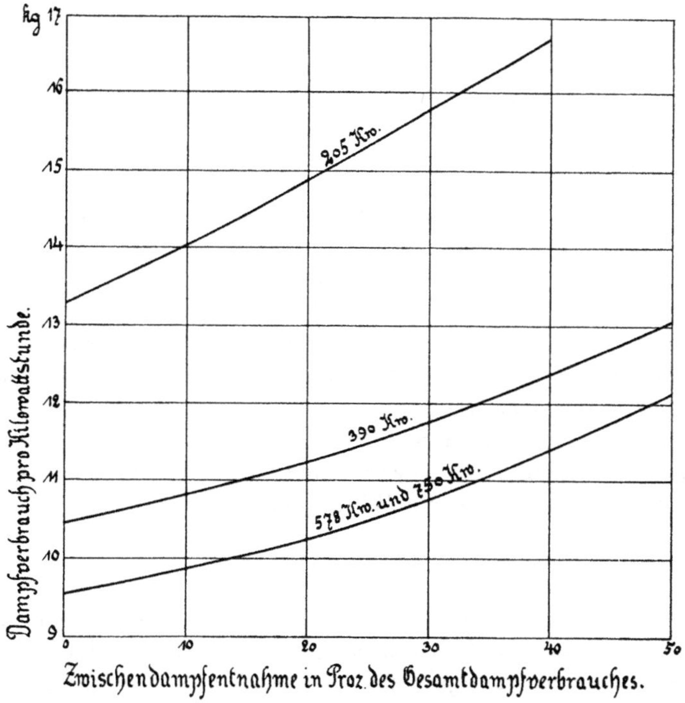

Fig. 27.

Tabellen 3—6) seine Ursache findet. In Fig. 28 ist der Verlauf des Dampfverbrauches pro indizierter Pferdekraftstunde abhängig von der Belastung dargestellt. In das Achsenkreuz sind Kurven gleicher Dampfentnahme in Prozenten des Gesamtdampfverbrauches gelegt. Man erkennt, daß ein Minimum des Dampfverbrauches bei etwa $^3/_4$ Belastung eintritt, unabhängig von der Höhe der Dampfentnahme. Der Einfluß der Belastung auf den Dampfverbrauch ist bei der Maschine mit Zwischendampfentnahme qualitativ derselbe wie bei der normal betriebenen Verbunddampfmaschine, quantitativ insofern verschieden, als hohe Zwischendampfentnahme den Einfluß der Belastung erhöht. In Fig. 29 sind die Diagramme Fig. 26 und 28 in ein

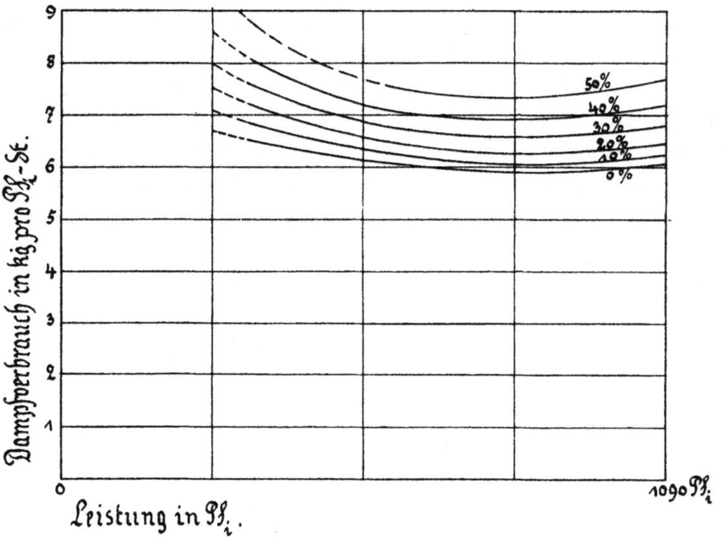

Fig. 28.

Raumdiagramm vereinigt. Dadurch entsteht ein anschauliches Bild des Zusammenhanges von Dampfverbrauch, Zwischendampfentnahme und Belastung der Maschine.

Eine Kontrolle der durch Rechnung gewonnenen Dampfverbrauchszahlen ist durch die Bestimmung des indizierten Wirkungsgrades möglich. Der indizierte Wirkungsgrad ist

$$\eta_i = \frac{632}{C_i \cdot \Phi_i},$$

wenn C_i der Dampfverbrauch pro PS_i-Stunde und Φ_i das adiabatische Wärmegefälle bezogen auf den Anfangs- und Endzustand des in der Maschine arbeitenden Dampfes ist. Dieser Wirkungsgrad beträgt in den Fällen ohne Dampfentnahme (nur dann ist ein Vergleich mit ausgeführten Maschinen möglich) bei

$^4/_4$	Belastung	71,0	Proz.
$^3/_4$	„	72,3	„
$^2/_4$	„	70,1	„
$^1/_4$	„	65,5	„

Er nimmt also durchaus erreichbare Werte an *), was beweisen dürfte, daß bei der Berechnung des Dampfverbrauches richtig vorgegangen wurde.

Die stündlich in die Maschine geleitete Wärmemenge wird, wie bereits gesagt, zum Teil in indizierte Arbeit verwandelt, zum Teil der

*) Vgl. Fußnote 4.

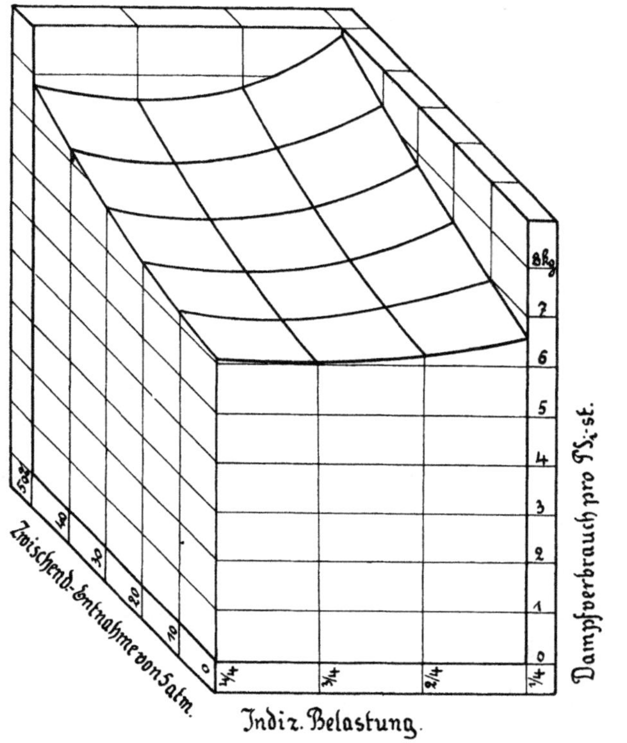

Fig. 29.

Maschine mit dem Zwischen- und Abdampf wieder entzogen, zum Teil endlich als Strahlungswärme und Wärmeinhalt des Wandungskondensates verloren.

In den Fig. 30—33 ist die Wärmebilanz der Maschine ausgedrückt. Über der Zwischendampfentnahme in Prozenten des Gesamtdampfverbrauches sind aufgetragen die Zwischendampfwärme, die Abdampfwärme und die der Maschine zugeführte Wärme in Kal. pro PS_i-Stunde. Die Ordinaten zwischen den beiden oberen Kurven geben an, welche Wärmemenge die Maschine für die Arbeitsleistung einer indizierten Pferdekraftstunde verbraucht. In diesem Betrag sind neben dem Wärmeäquivalent einer PS_i-Stunde, d. s. 632 WE., die Verluste durch Abkühlung und Drosselung enthalten. Wie zu erwarten, nehmen die Verluste bei sinkender Belastung verhältnismäßig zu. Dagegen bringt die steigende Dampfentnahme eine Verbesserung der Umsetzung von Wärme in indizierte Arbeit mit sich. Die Ursache davon dürfte wohl die Abnahme der Drosselverluste bei der vergrößerten Hochdruckfüllung und die vollständigere Expansion im Niederdruckzylinder sein. Diese Bilanzdiagramme zeigen so recht die Wirtschaftlichkeit der Kraftheizungsmaschine. Bei Annahme eines

Wärmebilanz-Diagramme bei Zwischendampfentnahme von 5 Atm. Spannung und Abdampfverwertung.

4/4 Belastung. 3/4 Belastung.

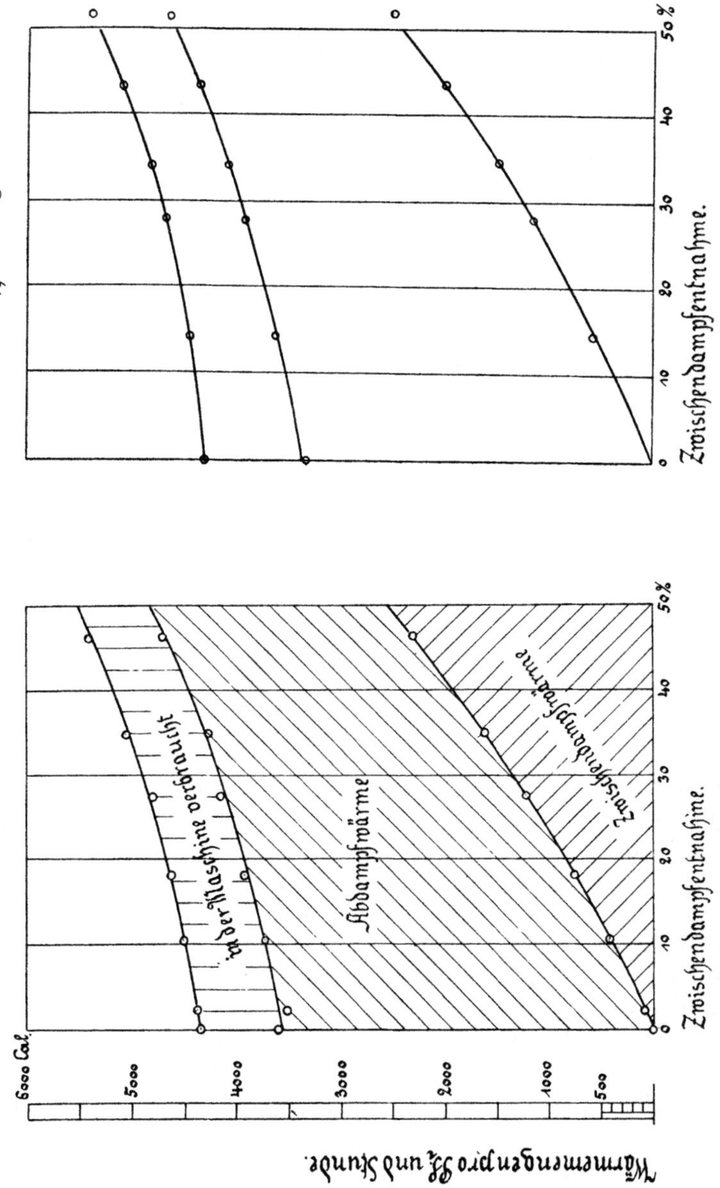

Fig. 30. Fig. 31.

Kesselwirkungsgrades von 75 Proz., eines mechanischen Wirkungsgrades der Maschine von 89 Proz. und eines Wärmeverbrauches von 750 Kal. pro PS_i-Stunde erhält man einen effektiven thermischen Wirkungsgrad der Dampfanlage:

Wärmebilanz-Diagramme bei Zwischendampfentnahme von 5 Atm. Spannung und Abdampfverwertung.

²/₄ Belastung.

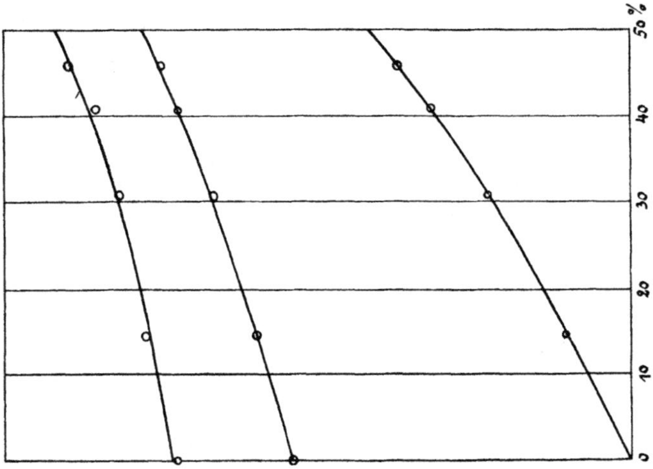

Fig. 32.

¹/₄ Belastung.

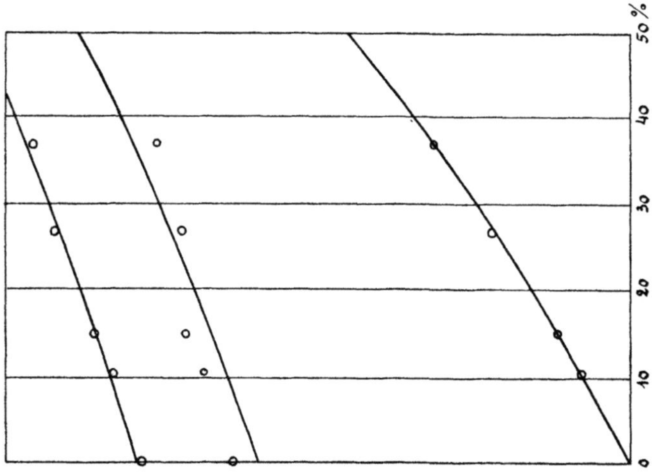

Fig. 33.

$$\eta_{th} = \frac{\text{effektive Leistung in Kal.}}{\text{aufgewendete Brennstoffwärme}}$$

$$= \frac{632}{750 \frac{1}{0{,}89} \cdot \frac{1}{0{,}75}} \cdot 100 \text{ Proz.} = 56 \text{ Proz.}$$

gegenüber 32 Proz. einer Dieselmotorenanlage und 13 Proz. einer Gasmaschinenanlage [46]).

[46]) E. Josse, Neuere Kraftanlagen, S. 68.

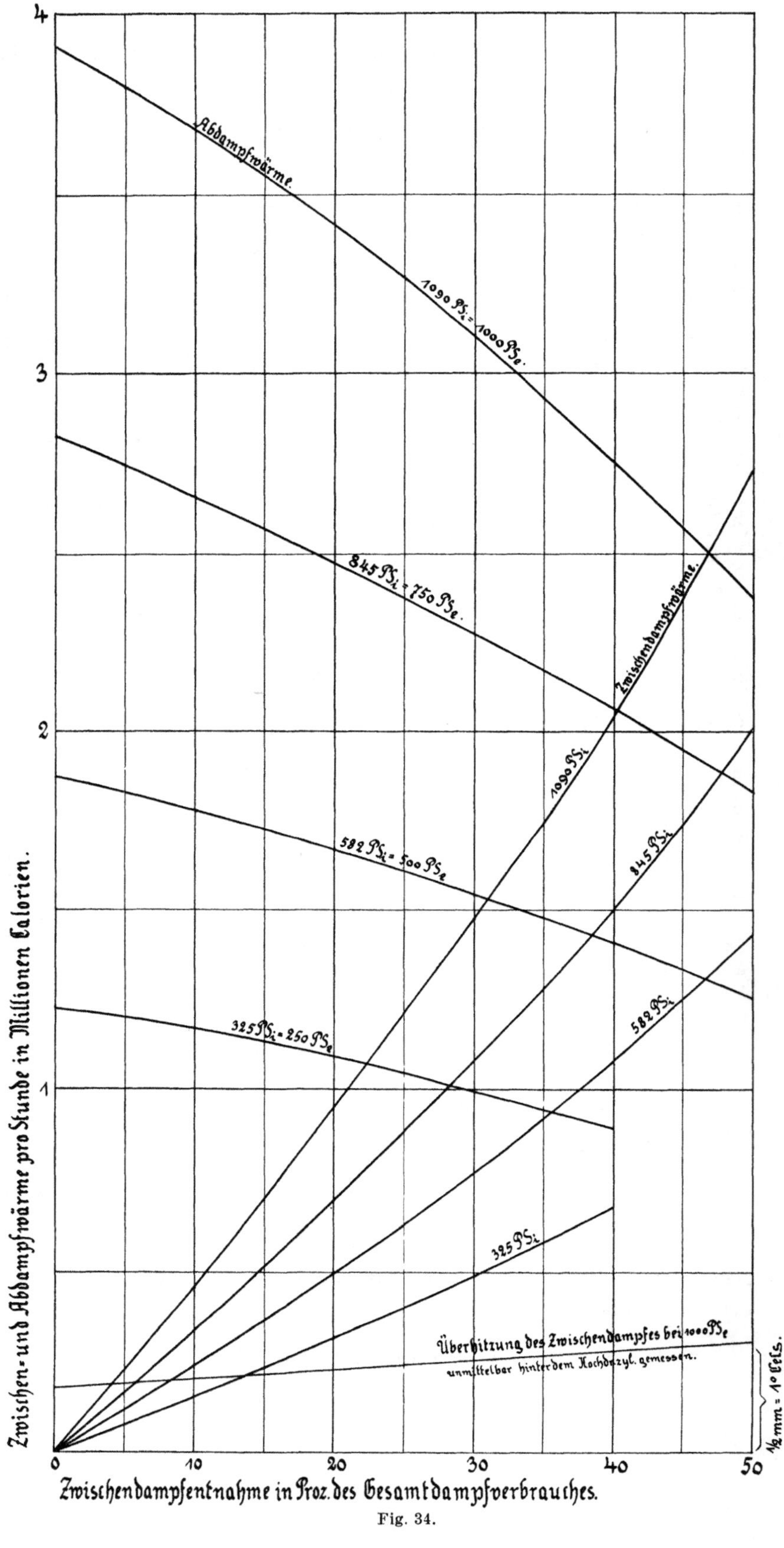
Abdampfwärme
1090 PSi = 1000 PSe
845 PSi = 750 PSe
582 PSi = 500 PSe
325 PSi = 250 PSe
Zwischendampfwärme
1090 PSi
845 PSi
582 PSi
325 PSi
Überhitzung des Zwischendampfes bei 1000 PSe
unmittelbar hinter dem Hochdr.zyl. gemessen.
1/2 mm = 1° Cels.
Zwischen- und Abdampfwärme pro Stunde in Millionen Calorien.
Zwischendampfentnahme in Proz. des Gesamtdampfverbrauches.
0
10
20
30
40
50
1
2
3
4

Fig. 34.

In Fig. 34 sind die im stündlich entnommenen Abdampf und Zwischendampf enthaltenen Wärmemengen für verschiedene Zwischendampfentnahme in Kurven gleicher Maschinenleistung graphisch aufgetragen. Einer Änderung der Bremsleistung von 1 auf $^1/_4$ entspricht eine Verminderung der abgegebenen Wärmemengen von 1 auf $^1/_3$. Das Verhältnis

$$\frac{\text{Zwischendampfwärme}}{\text{Abdampfwärme}}$$

ist bei konstanter Zwischendampfentnahme für alle Belastungen der Maschine fast gleich. Es beträgt bei

10	20	30	40	50	Proz. Zwischendampfentnahme
1/8	1/3,5	1/2,1	1/1,4	1/0,9.	

Die Kurve in Fig. 34a gibt für jede Belastung der Maschine die mit dem Zwischendampf entnommene Wärmemenge in Prozenten der Abdampfwärme bei 0 bis 50 Proz. Zwischendampfentnahme an.

Mit Hilfe dieser Darstellung ist es möglich, sofort die Größe der Zwischendampfentnahme zu bestimmen, wenn die Wärmemengen bekannt sind. Bei der später folgenden Betrachtung eines Beispieles einer Kraft-Heizungsanlage wird der Gebrauch dieses Diagrammes sowie der vorstehend erwähnten noch eingehender erläutert werden.

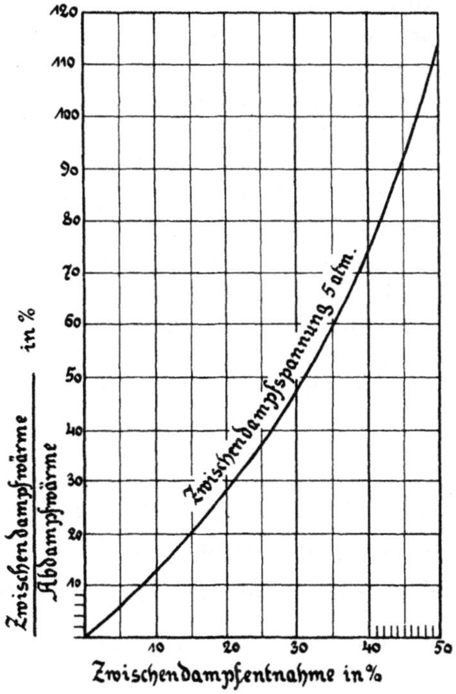

Fig. 34a.

Unter Umständen ist es möglich, daß die Maschine stets dem Heizungsdampfbedarf entsprechend belastet werden kann. Wird nun der Zwischendampf zu einer Ferndampfheizung geführt, der Abdampf aber zur Warmwasserbereitung für eine Warmwasserheizung ausgenützt, so ist, wie leicht einzusehen, das Verhältnis der Zwischendampfmenge zur Abdampfmenge stündlich und monatlich sehr konstant, denn die Dampfheizung und die Warmwasserheizung erleiden synchrone Intensitätsschwankungen. Die Maschine kann also bei allen Belastungen mit gleich hoher Zwischendampfentnahme in Teilen des Gesamtdampfverbrauches laufen, ohne daß Frischdampfzusatz für die Heizung nötig wäre. In Fällen, wo obiges Verhältnis nicht konstant ist, ändert sich die prozentuale Zwischendampfentnahme. Die Belastung der Maschine wird durch einen Druckregler in der Weise beeinflußt, daß bei sinkendem Aufnehmerdruck die Niederdruckfüllung verkleinert und umgekehrt bei steigendem Aufnehmerdruck vergrößert wird. Bei steigendem Abdampfbedarf wird die Belastung der Maschine durch das Bedienungspersonal erhöht. Kann dagegen die Belastung nicht dem jeweiligen Heizungsdampfbedarf angepaßt werden, so besorgt ein gewöhnlicher Zentrifugalregler die Leistungsregelung, während der Fehlbetrag an Auspuffdampf durch herabgedrosselten Zwischendampf ersetzt, der Mehrbetrag niedergeschlagen oder ins Freie ausgepufft wird. Bei nicht gedecktem Zwischendampfbedarf muß dem Zwischendampf abgedrosselter Frischdampf zugesetzt werden. (Vgl. Fig. 10.)

Der Betrieb mit einer dem jeweiligen Zwischen- und Abdampfbedarf angepaßten Belastung ist natürlich nur da möglich, wo die den eigenen Bedarf übersteigende erzeugte Leistung an Arbeit oder elektrischem Strom an fremde Abnehmer verkauft und die fehlende Leistung durch besondere Maschinenaggregate ergänzt werden kann. In der Lage, Kraft- und Heizungsanlagen auf diese Weise zu kombinieren, sind z. B. städtische Kranken- und Versorgungshäuser, Schulhäuser, Verwaltungsgebäude, Bureaugebäude, Heil- und Pflegeanstalten und viele der auf Seite 12 und 13 genannten Betriebe.

III. Dampf- und Wärmeverbrauch einer Verbundmaschine bei konstanter Belastung und steigender Zwischendampfentnahme von 2 bis 5 Atm. Spannung.

Dieser Untersuchung wurde dieselbe Maschine wie im Abschnitt II zugrunde gelegt. Wir haben gesehen, daß der Dampfverbrauch der Maschine bei 750 PS_e = 845 PS_i Belastung einen geringsten Wert erreicht. Diese Leistung gilt als Normalleistung, während bei 1000 PS_e die Maschine bereits als überlastet anzusehen ist. Es ist im folgenden festgestellt, wie die Dampf- und Wärmeökonomie der Maschine bei Normalleistung mit der Menge und dem Druck des entnommenen Zwischendampfes zusammenhängt. Die Zwischendampfspannung sei gleich 5, 4, 3 und 2 Atm. gesetzt. Außer den Maschinenabmessungen werde auch der Dampfanfangszustand mit $14\frac{1}{2}$ Atm. und 300^0 C,

Zwischendampfspannung 5 Atm.

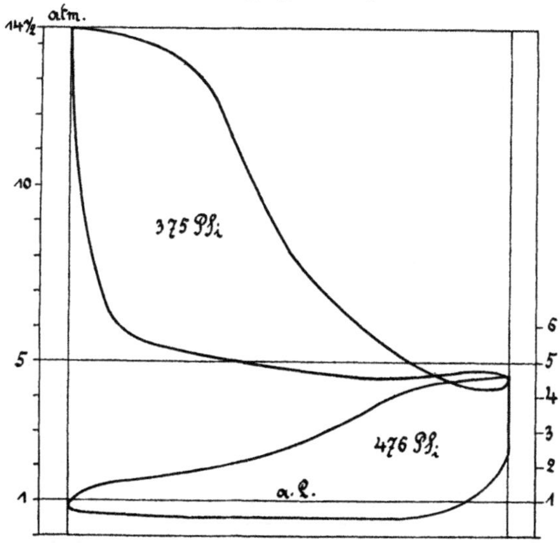

Fig. 35.
Ohne Zwischendampfentnahme.

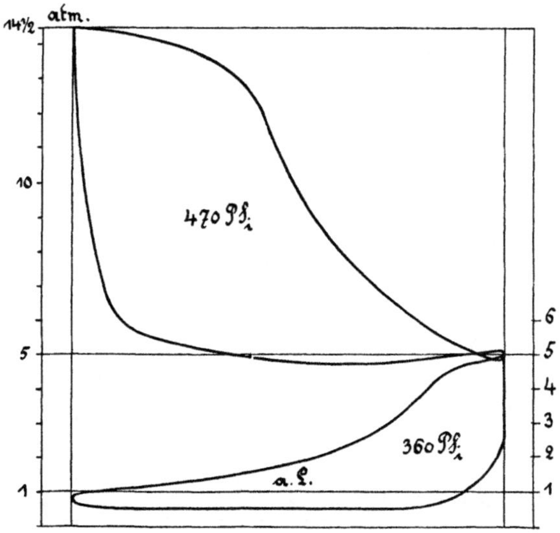

Fig. 36.
52 Proz. Zwischendampfentnahme.

Zwischendampfspannung 4 Atm.

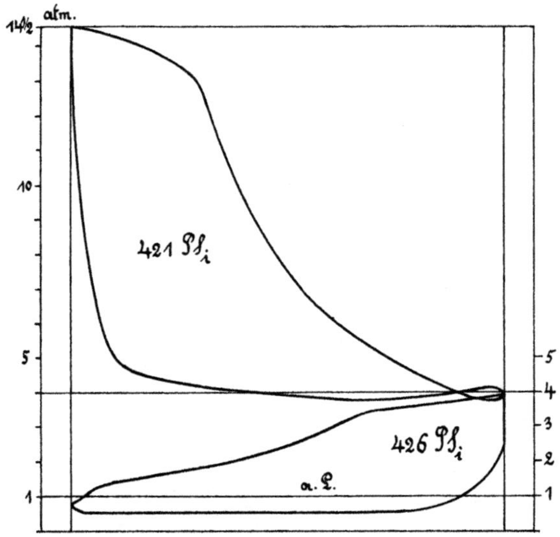

Fig. 37.
Ohne Zwischendampfentnahme.

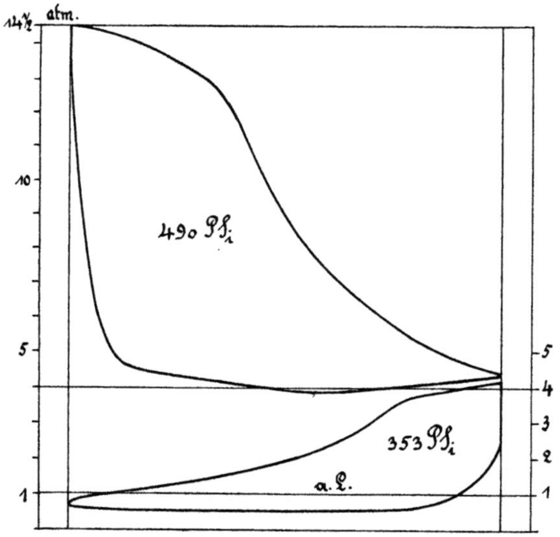

Fig. 38.
45 Proz. Zwischendampfentnahme.

Zwischendampfspannung 3 Atm.

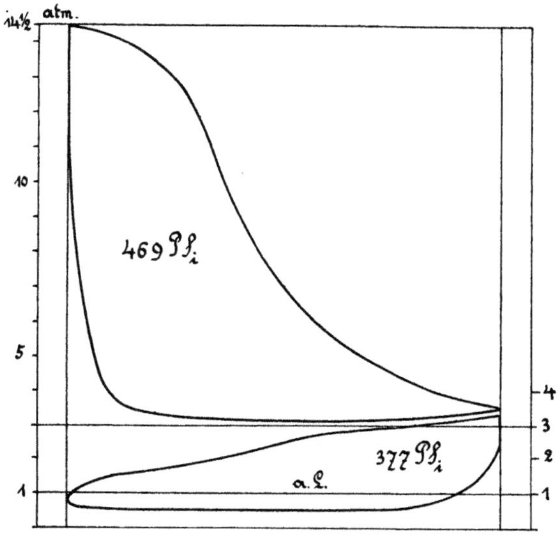

Fig. 39.
Ohne Zwischendampfentnahme.

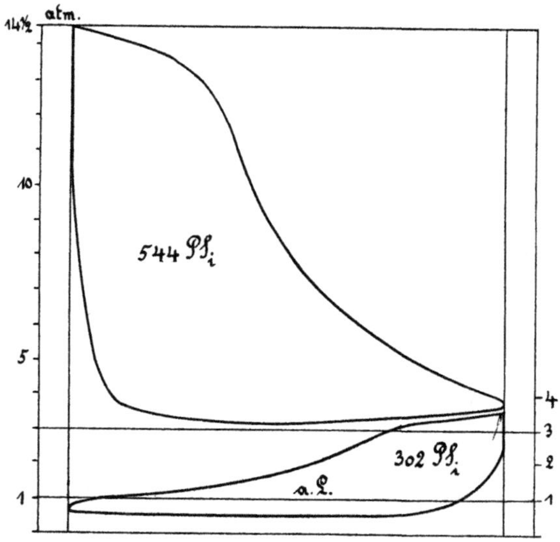

Fig. 40.
48 Proz. Zwischendampfentnahme.

Zwischendampfspannung 2 Atm.

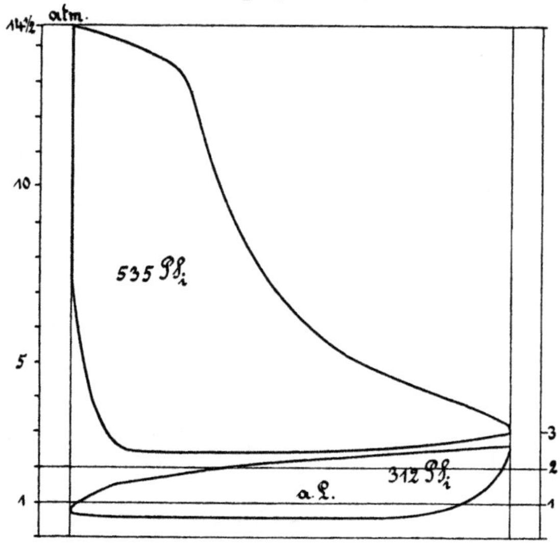

Fig. 41.
Ohne Zwischendampfentnahme.

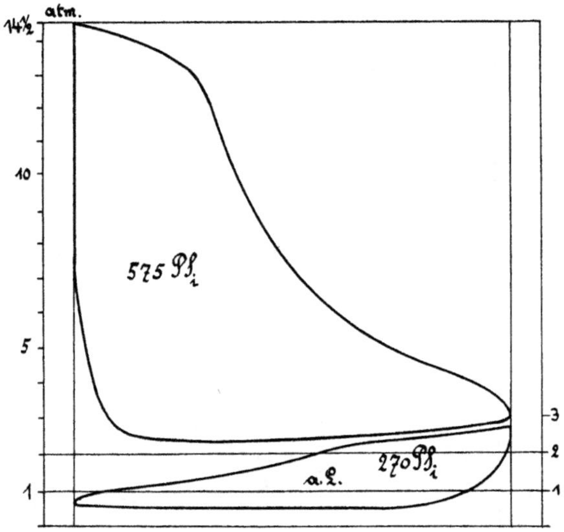

Fig. 42.
43 Proz. Zwischendampfentnahme.

sowie der Gegendruck von 0,55 Atm. im Niederdruckzylinder belassen und wieder eine Zwischendampfentnahme von 0—50 Proz. des Gesamtdampfverbrauches angenommen.

Zeichnung der Dampfdiagramme.

Die rechnerischen Grundlagen der Untersuchung lieferten 20 Tandem-Verbunddiagramme, von welchen 8 in den Fig. 35—42 verkleinert wiedergegeben sind. Die Diagramme wurden im doppelten Maßstab wie Fig. 11 aufgezeichnet. Voraustritt und Kompressionsbeginn sind im Hochdruckdiagramm 10 Proz. gesetzt, im Niederdruckdiagramm 10 Proz bzw. 25 Proz. Der Expansionsexponent beträgt im Hochdruckteil bis zum Sättigungspunkt 1,2, von hier ab und im Niederdruckteil 1,0. Der Kompressionsexponent ist in beiden Diagrammen zu 1,2 bzw. 1,0 angenommen worden. Die Drosselungsverluste und der Spannungsabfall im Aufnehmer wurden vom gleichen Betrag wie im vorangehenden Abschnitt eingeführt. Nicht unerwähnt soll bleiben, daß bei dem angenommenen Zylinderverhältnis die Kolbenkräfte verhältnismäßig groß ausfallen (bei 5 Atm. Zwischendampfspannung P_{max} = 37 000 kg), wodurch eine hohe Kompression gerechtfertigt erscheint, da das Triebwerk schwer und die Beschleunigungsdrücke beträchtlich ausfallen. Die Hochdruckfüllungen schwanken zwischen 42 und 27 Proz. Trotzdem wurde, um die Zeichnung der Diagramme zu vereinheitlichen, in allen Hochdruckdiagrammen der Exponent der Expansionspolytrope gleich groß angenommen. Eine allmähliche Abnahme des Exponenten von 1,2 auf 1,15 dürfte den tatsächlichen Verhältnissen vielleicht am besten entsprechen.

Dampf- und wärmeökonomische Betrachtungen.

Zur Ermittlung des nutzbaren Dampfverbrauches C_i' aus den Diagrammen war wieder eine Annahme über die Dampftemperatur bei Expansionsbeginn zu treffen. Eine Betrachtung der Fig. 13 ist in dieser Hinsicht sehr lehrreich. Die ausgezogene Kurve in dieser Figur stellt den Verlauf des Expansionsexponenten in seiner Abhängigkeit von der Überhitzung des einströmenden Dampfes über die Sättigungstemperatur dar. Der Exponent der Expansionskurve ist gleich 1 für gesättigten Dampf. Aus Fig. 13 ersehen wir, daß bei einer Überhitzung von 25^0 der Exponent gleich 1 wird, d. h. daß sich der Dampf während der Expansion wie gesättigter Dampf verhält. Es ist also anzunehmen, daß der Dampf während der Einströmung seine Überhitzung verliert, d. h. 25^0 Temperaturabfall erleidet. Das Gesagte gilt für normale Füllungen von 20—25 Proz. Bei größeren Füllungen wird der Tempe-

Tabelle 7.

Zwischendampfspannung 4 Atm.

Lfd. Nr.	Diagramm Nr.		1 *)	2	3	4	5 **)
1	Hochdruckleistung	PS_i	421	437	450	465	490
2	Niederdruckleistung	,,	426	410	393	380	353
3	Gesamtleistung	,,	847	847	843	845	843
4	,,	Kw.	516	516	514	515	514
5	Nutzbarer Dampfverbrauch C_i'	kg pro PS_i-Std.	5,11	5,30	5,51	5,70	6,10
6	Dampfverluste $C_i'' + C_i'''$	,,	0,60	0,60	0,60	0,60	0,60
7	Spezifischer Dampfverbrauch	,,	5,71	5,90	6,11	6,30	6,70
8	,, ,,	kg pro Kw.-Std.	9,4	9,7	10,1	10,4	11,0
9	Der Maschine zugeführte Wärmemenge	Kal. pro PS_i-Std.	4130	4270	4420	4560	4840
10	Dampfverbrauch	kg pro Std.	4830	4990	5150	5320	5640
11	Zwischendampfentnahme	,,	0	452	1180	1790	2535
12	,, in Proz. des Dampfverbrauches	$\frac{\text{Pos. 11}}{\text{Pos. 10}}$. 100 Proz.	0	9,05	23	33,7	45
13	Zwischendampfwärme	Kal. pro Std.	0	293 000	766 000	1 160 000	1 643 000
14	,,	Kal. pro PS_i-St.	0	346	910	1373	1950
15	Abdampfmenge	kg pro Std.	4375	3975	3635	3310	2920
16	Abdampfwärme	Kal. pro Std.	2 730 000	2 530 000	2 330 000	2 110 000	1 860 000
17	,,	Kal. pro PS_i-Std.	3230	2990	2760	2500	2200

Mechanischer Wirkungsgrad der Dampfmaschine 89 Proz. — Wirkungsgrad des Generators 93 Proz.

*) Fig. 37. — **) Fig. 38.

Tabelle 8.

Zwischendampfspannung 3 Atm.

Lfd. Nr.	Diagramm Nr.		1*)	2	3	4	5**)
1	Hochdruckleistung	PS_i	469	486	502	518	544
2	Niederdruckleistung	,,	377	362	345	325	302
3	Gesamtleistung	,,	846	848	847	843	846
4	,,	Kw.	516	517	516	514	516
5	Nutzbarer Dampfverbrauch C_i'	kg pro PS_i-Std.	5,10	5,29	5,48	5,72	5,91
6	Dampfverluste $C_i'' + C_i'''$	,,	0,60	0,60	0,60	0,60	0,60
7	Spezifischer Dampfverbrauch	,,	5,70	5,89	6,08	6,32	6,51
8	,, ,,	kg pro Kw.-Std.	9,35	9,65	10,0	10,4	10,7
9	Der Maschine zugeführte Wärmemenge	Kal. pro PS_i-Std.	4120	4250	4400	4570	4710
10	Dampfverbrauch	kg pro Std.	4800	4990	5150	5320	5500
11	Zwischendampfentnahme	,,	0	558	1445	2050	2620
12	,, in Proz. des Dampfverbrauches	$\frac{\text{Pos. 11}}{\text{Pos. 10}}$. 100 Proz.	0	11,2	28,1	38,5	47,7
13	Zwischendampfwärme	Kal. pro Std.	0	360 000	934 000	1 325 000	1 697 000
14	,,	Kal. pro PS -Std.	0	425	1100	1570	2000
15	Abdampfmenge	kg pro Std.	4375	3985	3450	3050	2720
16	Abdampfwärme	Kal. pro Std.	2 730 000	2 520 000	2 200 000	1 940 000	1 730 000
17	,,	Kal. pro PS_i-Std.	3230	2970	2600	2300	2050

Mechanischer Wirkungsgrad der Dampfmaschine 89 Proz. — Wirkungsgrad des Generators 93 Proz.

*) Fig. 39. — **) Fig. 40.

Tabelle 9.

Zwischendampfspannung 2 Atm.

Lfd. Nr.	Diagramm Nr.		1*)	2	3	4	5**)
1	Hochdruckleistung	PS_i	535	543	552	565	575
2	Niederdruckleistung	„	312	306	292	276	270
3	Gesamtleistung	„	847	849	844	841	845
4	„	Kw.	516	517	514	513	515
5	Nutzbarer Dampfverbrauch C_i'	kg pro PS_i-Std.	5,10	5,29	5,42	5,64	5,72
6	Dampfverluste $C_i'' + C_i'''$	„	0,60	0,60	0,60	0,60	0,60
7	Spezifischer Dampfverbrauch	„	5,70	5,89	6,02	6,24	6,32
8	„ „	kg pro Kw.-Std.	9,4	9,7	9,9	10,2	10,4
9	Der Maschine zugeführte Wärmemenge	Kal. pro PS_i-Std.	4120	4260	4350	4510	4570
10	Dampfverbrauch	kg pro Std.	4830	4990	5080	5240	5330
11	Zwischendampfentnahme	„	0	814	1400	2000	2280
12	„ in Proz. des Dampfverbrauches	$\frac{\text{Pos. 11}}{\text{Pos. 10}} \cdot 100$ Proz.	0	16,3	27,6	38,2	42,8
13	Zwischendampfwärme	Kal. pro Std.	0	524 000	900 000	1 290 000	1 467 000
14	„	Kal. pro PS_i-Std.	0	618	1065	1535	1740
15	Abdampfmenge	kg pro Std.	4250	3800	3460	3105	2850
16	Abdampfwärme	Kal. pro Std.	2 710 000	2 420 000	2 200 000	1 980 000	1 810 000
17	„	Kal. pro PS_i-Std.	3220	2850	2600	2350	2150

Mechanischer Wirkungsgrad der Dampfmaschine 89 Proz. — Wirkungsgrad des Generators 93 Proz.

*) Fig. 41. — **) Fig. 42.

raturverlust geringer, bei kleineren Füllungen erheblicher. Es scheint, daß auf die Höhe des Temperaturverlustes des einströmenden Dampfes weniger die Zeit, während welcher der Dampf in Berührung mit der Zylinderwand usw. ist, bestimmend einwirkt als die mittlere Temperatur der Wandungen *). Bei höherer Überhitzung als 25⁰ ist anzunehmen, daß der Temperaturabfall, normale Füllungsgrade vorausgesetzt, mehr als 25⁰ beträgt, da die Differenz zwischen Dampfein-

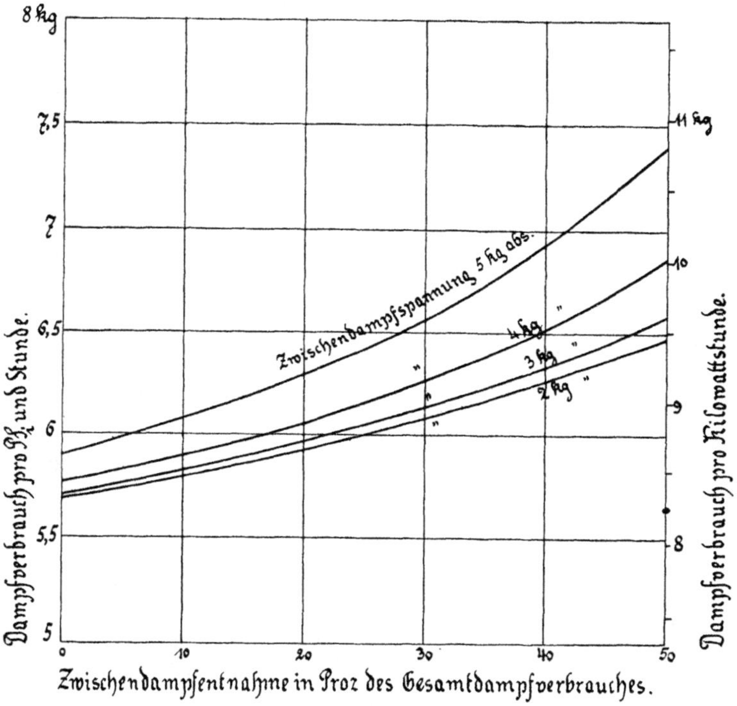

Fig. 43.

strömtemperatur und mittlerer Wandungstemperatur alsdann größer ist. Das Diagramm Fig. 14 mit etwa 3 Atm. Aufnehmerspannung entspricht etwa einem normalen Hochdruckdiagramm einer Verbundmaschine ohne Zwischendampfentnahme, für welche Fig. 13 und die vorausgegangenen Schlüsse gelten. Für die Diagramme 39 und 40, sowie alle gezeichneten Diagramme mit 3 Atm. Aufnehmerdruck ist angenommen, daß der Temperaturverlust des einströmenden Dampfes 30⁰ C beträgt. Bei 4 und 5 Atm. Aufnehmerdruck ist der Temperatur-

*) Die Annahme Hrabáks, der den Temperaturabfall mit dem Füllungsgrad steigend setzt, scheint also nicht zutreffend zu sein. J. Hrabák, Theorie und praktische Berechnung der Heißdampfmaschinen, S. 16.

abfall mit 20°, bei 2 Atm. mit 40° eingesetzt, entsprechend der höheren und niederen Wandungstemperatur. Diese Schätzung soll zwar den Annahmen anderer nicht im Wege sein, dürfte aber für den vorliegenden Zweck hinreichend begründet sein. Die Größe des Kondensationsverlustes C_i'' ist mit 0,25 kg pro PS_i-Stunde, jene des Lässigkeitsverlustes C_i''' mit 0,25 kg pro PS_i-Stunde nach Hrabák gewählt. Eine Zusammenstellung aller aus den gezeichneten Diagrammen berechneter Dampf- und Wärmeverbrauchszahlen ist in den Tabellen 4, 7, 8 u. 9 enthalten.

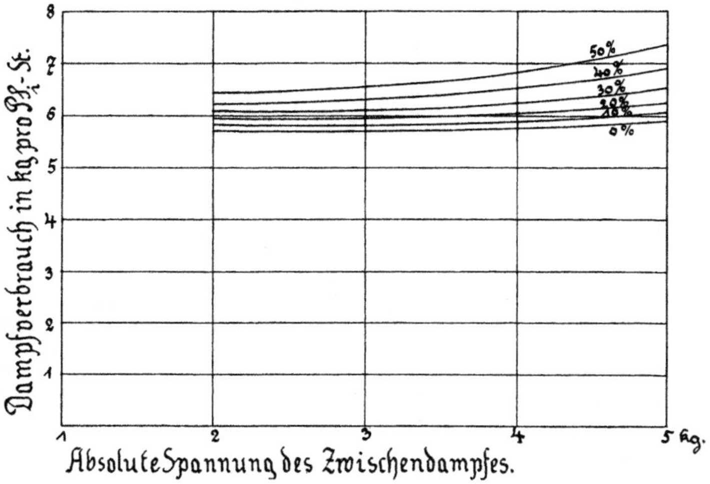

Fig. 44.

In Fig. 43 ist der wirkliche Dampfverbrauch $C_i = C_i' + C_i'' + C_i'''$ als Funktion der Zwischendampfentnahme dargestellt. In seiner Abhängigkeit von der Zwischendampfspannung ist der Dampfverbrauch in Fig. 44 gegeben. Der Einfluß der Spannung des entnommenen Zwischendampfes auf den Dampfverbrauch ist, wie zu erwarten, nicht unerheblich. Während bei 2 Atm. Zwischendampfspannung der Dampfverbrauch zwischen 0 und 50 Proz. Zwischendampfentnahme um $^3/_4$ kg pro PS_i-Stunde ansteigt, beträgt diese Zunahme bei 5 Atm. Zwischendampfspannung schon $1^1/_2$ kg. In Fig. 45 ist die doppelte Abhängigkeit des Dampfverbrauches von Zwischendampfentnahme und Zwischendampfspannung räumlich dargestellt. Der Dampfverbrauch der Maschine bei normalem Aufnehmerdruck und ohne Zwischendampfentnahme (siehe Diagramm Fig. 12) wurde zu 5,7 kg pro PS_i-Stunde, entsprechend einem indizierten Wirkungsgrad von $\eta_i = 0,75$, berechnet. Die folgende Zusammenstellung gibt an, wieviel Prozent dieser Dampfmenge die Maschine bei einer Zwischendampfentnahme bis zu 50 Proz. des Gesamtdampfverbrauches und bei 2—5 Atm. Zwischendampfspannung verbraucht.

Zwischendampfentnahme in Proz.	0	10	20	20	40	50
Zwischendampfspannung in Atm.						
2	100	102	104	107	110	113
3	100	103	105	108	111	115
4	101	104	106	110	114	120
5	103	106	110	115	122	130

Die Tabelle ist nach den Diagrammen Fig. 43 und 44 berechnet. Verfasser würde wegen des regelmäßigen Verlaufes der Kurven in den beiden Diagrammen keine Bedenken tragen, erforderlichen Falles für etwas größere Dampfentnahme oder höhere Zwischendampfspannung zu extrapolieren.

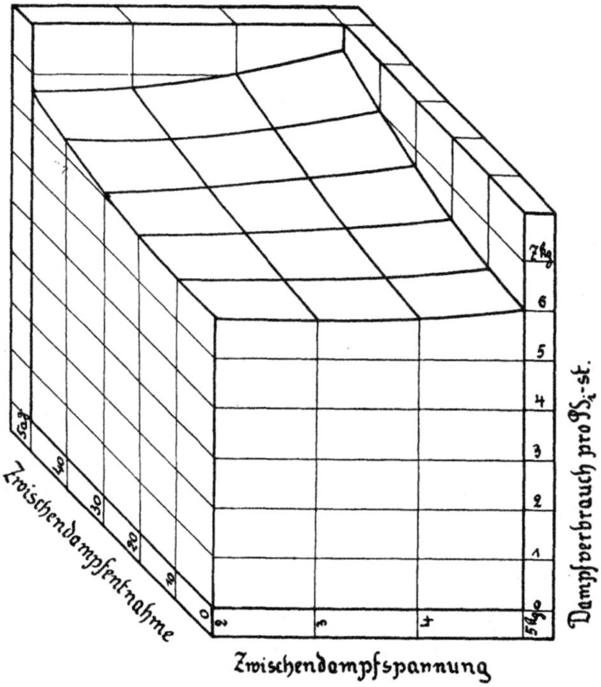

Fig. 45.

Hinsichtlich der Berechnung des stündlich entnommenen Dampfgewichtes und der damit gewonnenen Wärmemengen genügt es, auf die im II. Abschnitt dieser Arbeit gemachten Ausführungen zu verweisen. Ähnlich wie dort wurde auch in den Fig. 46—49 eine graphische Wärmebilanz pro PS_i-Stunde entworfen. Dieselbe läßt eine geringe Zunahme des thermischen Wirkungsgrades mit steigender Dampfentnahme und mit sinkender Zwischendampfspannung erkennen. Der sehr geringe Wärmeverbrauch der Maschine pro 1 PS_i-Stunde Arbeitsleistung

Wärmebilanz-Diagramme bei konstanter Belastung u. Zwischen- u. Abdampfverwertung.

Zwischendampfspannung 5 Atm. — Zwischendampfspannung 4 Atm.

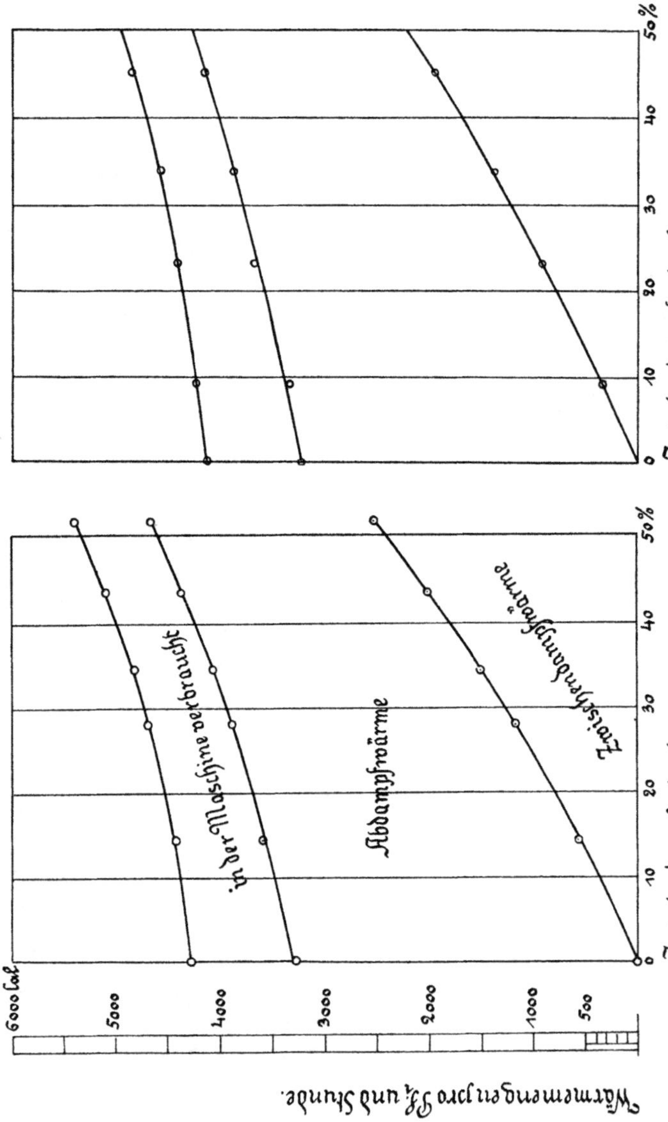

Fig. 46. Fig. 47.

erweist die außerordentliche Überlegenheit der Kraft-Heizungsmaschine über jeden anderen Wärmemotor.

In Fig. 50 sind die im Zwischen- und Abdampf stündlich die Maschine verlassenden Wärmemengen über der Zwischendampfentnahme in Prozenten des Gesamtdampfverbrauches aufgetragen. Zur Kurve der Abdampfwärme sei bemerkt, daß sie die Mittelwerte der erhaltenen Ordinatenendpunkte für alle Zwischendampfspannungen

Wärmebilanz-Diagramme b. konstanter Belastung u. Zwischen- u. Abdampfverwertung.

Zwischendampfspannung 3 Atm.

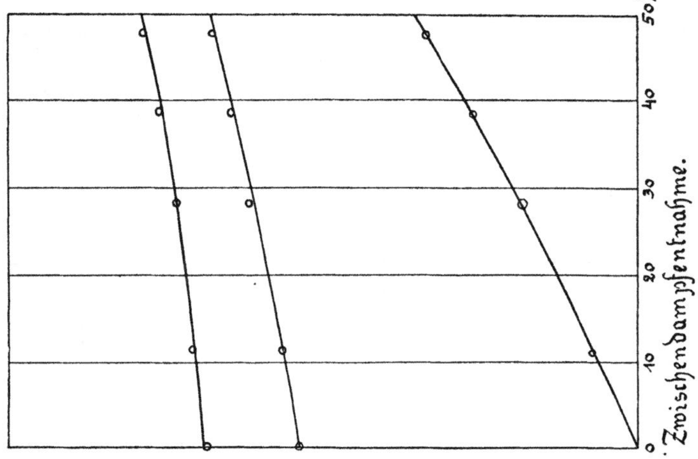

Fig. 48.

Zwischendampfspannung 2 Atm.

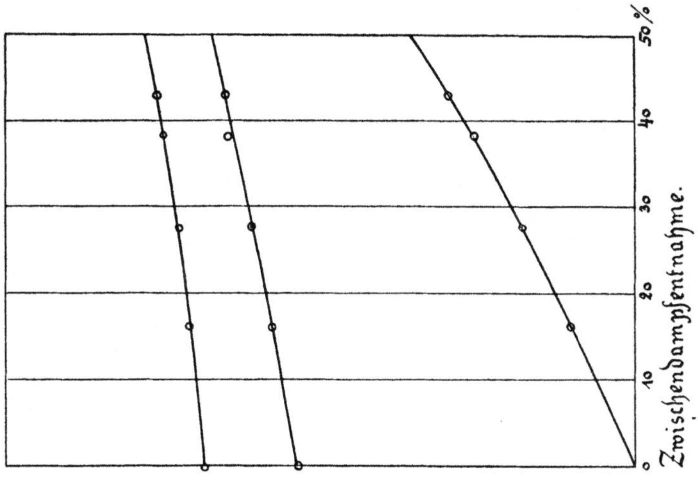

Fig. 49.

verbindet. Der größte Abstand eines Punktes von dieser Mittelwertskurve betrug 4 Proz. seiner Ordinate. Der mittlere Fehler ist jedenfalls unter 2 Proz., eine Genauigkeit, die für die Bestimmung der Wärmemengen vollständig genügt.

Der Verlauf der Kurven für die Zwischendampfwärme in Fig. 50 und für den Dampfverbrauch in Fig. 43 weist darauf hin, daß durch Erhöhung der Zwischendampfspannung für die Heizung in wärmeökonomischer Beziehung keine Vorteile zu erwarten sind. Aus den Diagrammen Fig. 43 und 50 ist nämlich einerseits die Zunahme des Dampfverbrauches, andrerseits die Zunahme des Wärmeinhaltes des Zwischendampfes mit steigendem Aufnehmerdruck

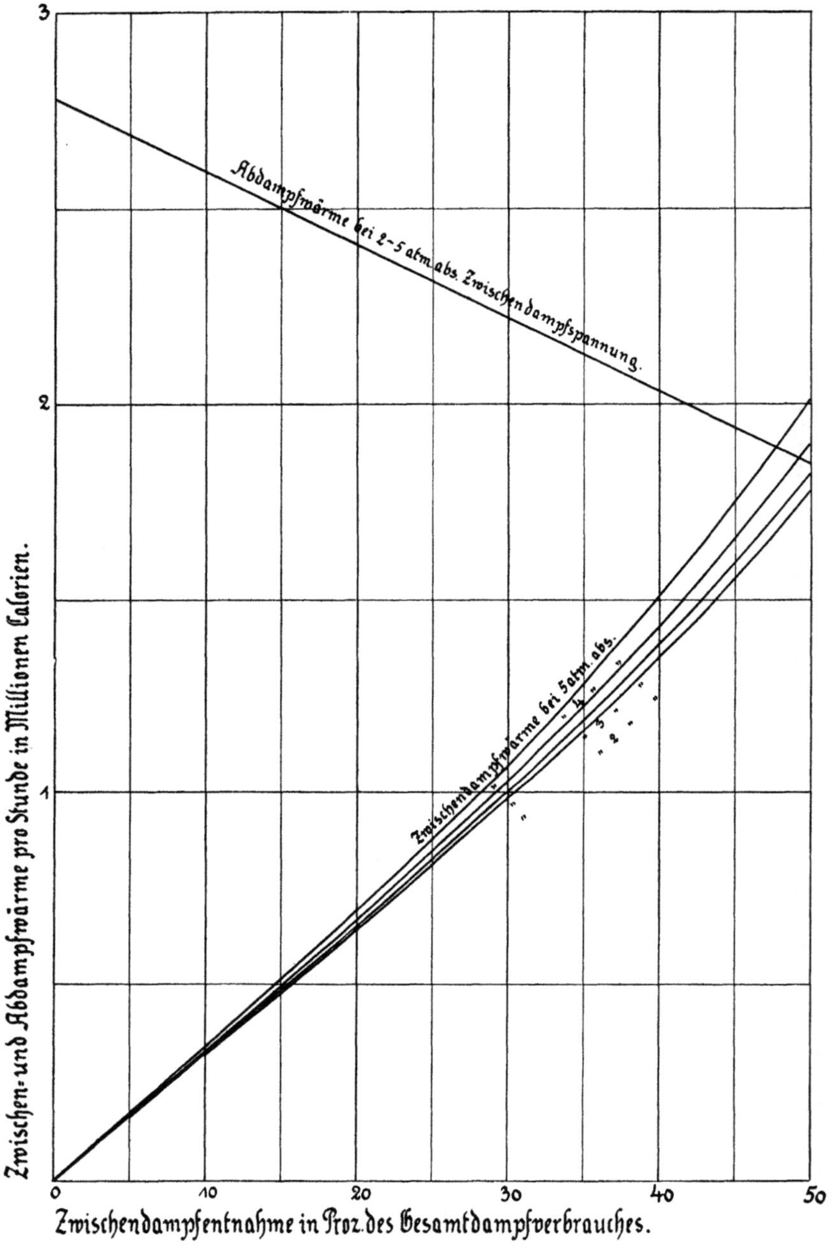

Fig. 50.

zu entnehmen. Einige Zahlen mögen das Verhältnis von Dampfverbrauch und Zwischendampfwärme zum Aufnehmerdruck erläutern. Während bei 50 Proz. Zwischendampfentnahme von 2 bis 5 Atm.

Spannung die gewonnene Zwischendampfwärme von 100 auf 114 Proz. steigt, wächst der Dampfverbrauch und damit auch die der Maschine zuzuführende Wärmemenge von 100 auf 115 Proz. Bei 20 Proz. Zwischendampfentnahme belaufen sich diese Zahlen auf 100 und 109 Proz. bzw. 100 und 106 Proz. Eine andere Frage, deren Beantwortung jedoch nicht in den Rahmen dieser Arbeit fällt, ist freilich, inwiefern durch hochgespannten Heizdampf an der Rohrleitung bis zur Heizstelle gespart werden kann, wie sich Anlagekosten und Abkühlungsverluste vermindern lassen [47]). Bemerkenswerte Aufschlüsse über das wärmeökonomische Verhalten der Maschine mit Zwischendampfentnahme geben die Bilanzdiagramme Fig. 46 bis 49 insofern, als sie zeigen, daß die Höhe der Zwischendampfspannung von recht geringfügigem Einfluß auf den spezifischen Wärmeverbrauch der Maschine ist. Wo also durch heizungstechnische oder gewerbliche Gründe die Entnahme hochgespannten Zwischendampfes geboten ist, kann ohne Beeinträchtigung der wirtschaftlichen Arbeitsweise der Maschine die Dampfentnahme erfolgen.

IV. Das Verhalten einer Maschine mit Zwischendampfentnahme und gutem Vakuum in dampf- und wärmeökonomischer Beziehung.

Die Ergebnisse der vorstehenden Untersuchungen sind natürlich ohne weiteres nur für die am Anfang angeführten Voraussetzungen gültig, als Eintrittsspannung, Dampftemperatur, Gegendruck, Zylinderverhältnis, Kolbengeschwindigkeit und Maschinengröße. Von allen diesen Einflußgrößen soll nun zunächst die Bedeutung des Gegendruckes für die Dampf- und Wärmeökonomie erörtert werden. Proportional mit der Verbesserung des Vakuums sinkt der Dampfverbrauch *), oder umgekehrt steigt die Leistung bei gleichem Dampfverbrauch. Vergleicht man zwei Niederdruckdiagramme von 0,55 Atm. und 0,2 Atm. Gegendruck und gleichem Kompressionsgrad, so findet man den mittleren indizierten Druck des letzteren Diagramms um ca. 0,35 kg größer, d. h. um die Höhe eines Rechteckes: Diagrammlänge × Gegendruckdifferenz. Der auf die Niederdruckkolbenfläche bezogene mittlere indizierte Druck betrage bei 0,55 Atm. Gegendruck p_i, bei 0,2 Atm. Gegendruck $p_i + 0{,}35$, die bezüglichen Leistungen

---

[47]) Näheres hierüber siehe Anführung 26 und 31 und Rietschel, Leitfaden zum Berechnen und Entwerfen von Lüftungs- und Heizungsanlagen. Berlin 1909.

*) Siehe Anführung 8.

Dampfverbrauchskurven für 0,2 Atm. abs. Gegendruck.

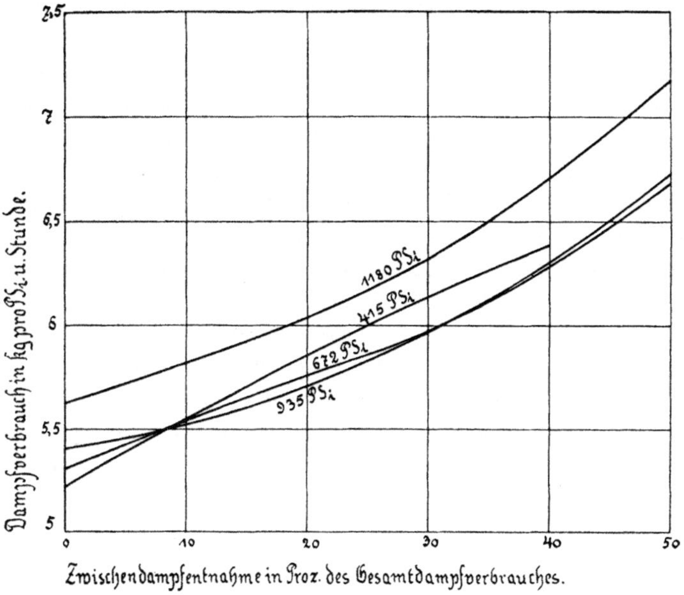

Fig. 51.

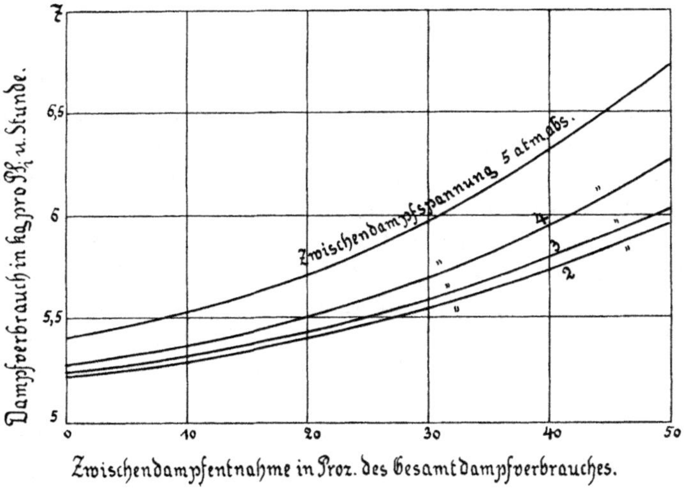

Fig. 52.

N_i und $N_{i_1} = N_i \cdot \frac{p_i + 0,35}{p_i}$ bei gleicher Hochdruckfüllung, so berechnet sich der nutzbare Dampfverbrauch C_{i_1}' der Maschine mit dem besseren Vakuum aus dem nutzbaren Dampfverbrauch C_i' der Maschine

Dampfverbrauchskurven für 0,2 Atm. abs. Gegendruck.

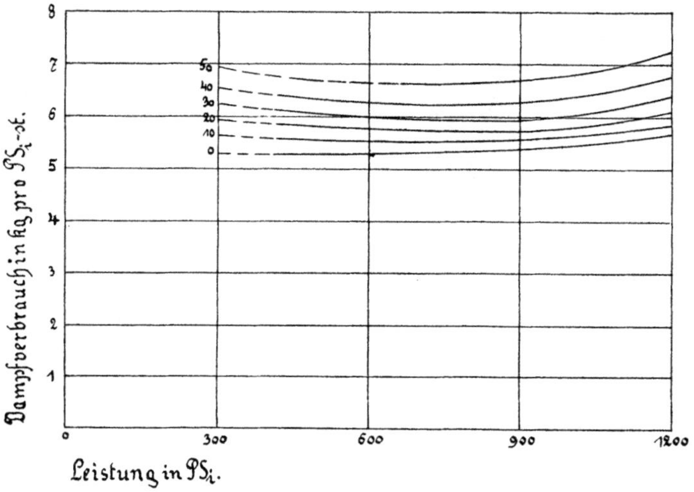

Fig. 53.

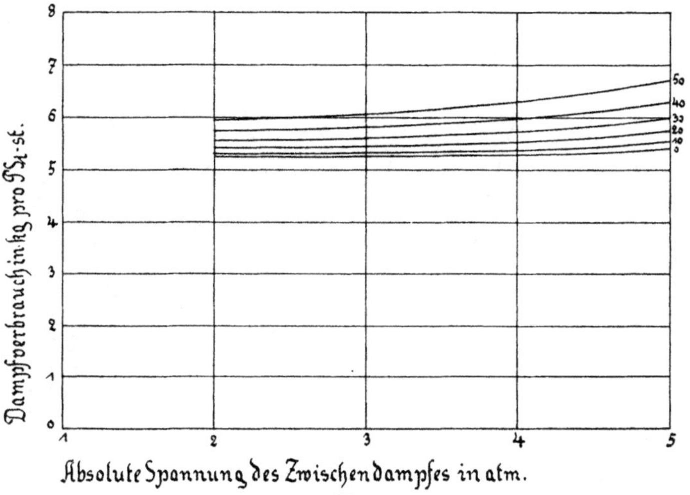

Fig. 54.

mit dem schlechteren Vakuum aus der einfachen Beziehung:

$$C_i' \cdot N_i = C_{i1}' \cdot N_{i1}$$

$$\text{zu } C_{i1}' = C_i' \cdot \frac{N_i}{N_{i1}} = C_i' \cdot \frac{p_i}{p_i + 0{,}35}.$$

Aus diesem nutzbaren Dampfverbrauch C_{i1}' und den auf S. 29 u. 30 angegebenen Verlusten C_i'' und C_i''' (also mit der Annahme gleicher Abkühlungs- und Lässigkeitsverluste bei 45 Proz. und 20 Proz. Vakuum),

Wärmebilanz-Diagramme für variable Belastung und Zwischdampfentnahme von 5 Atm. Spannung.

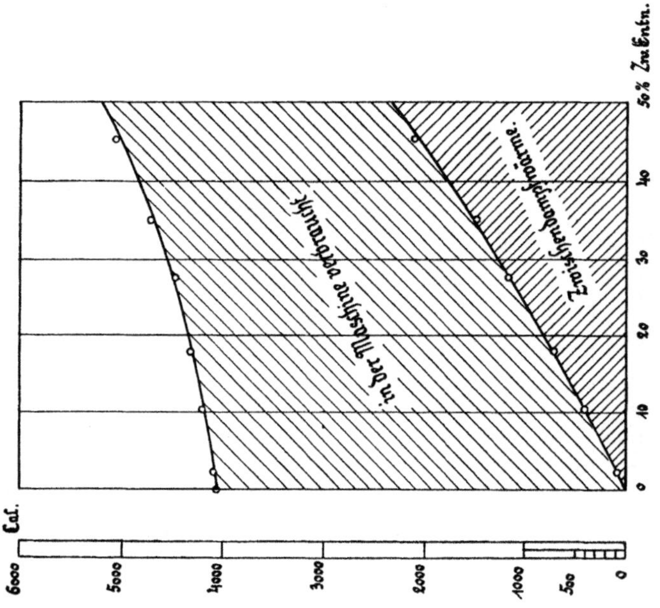

Fig. 55.

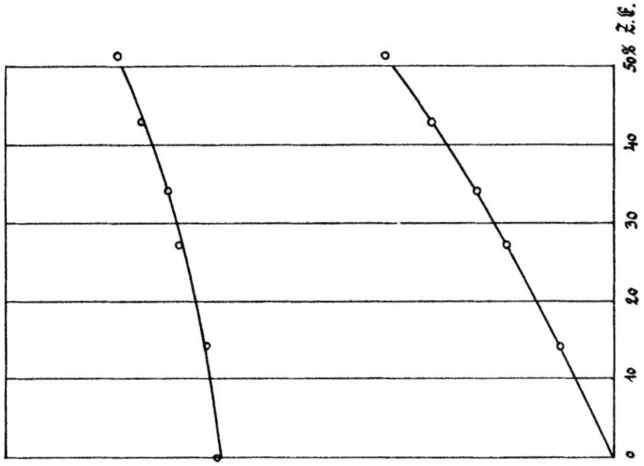

Fig. 56.

wurde der Dampfverbrauch pro PS_i-Stunde für verschiedene Werte der Belastung, der Zwischendampfspannung und der Zwischendampfentnahme berechnet und in den Fig. 51—54 graphisch dargestellt.

Der Verlauf der Kurven unterscheidet sich fast nicht von jenem in den Fig. 26, 28, 43 und 44. Der indizierte Wirkungsgrad beträgt bei Dampfentnahme 0 und einer Belastung von

Wärmebilanz-Diagramme für variable Belastung und Zwischendampfentnahme von 5 Atm. Spannung.

Belastung 672 PS_i.

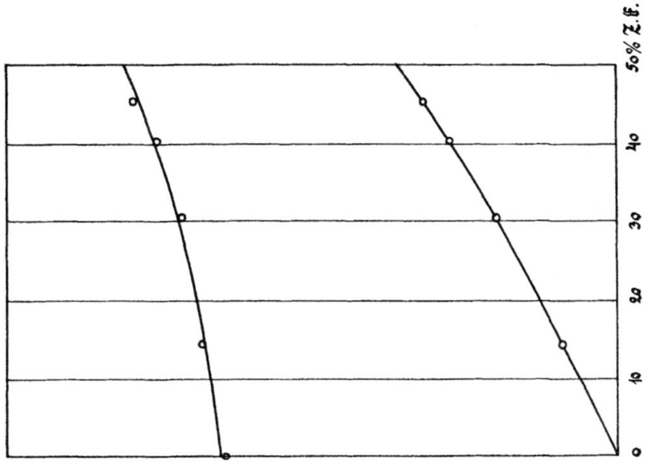

Fig. 57.

Belastung 415 PS_i.

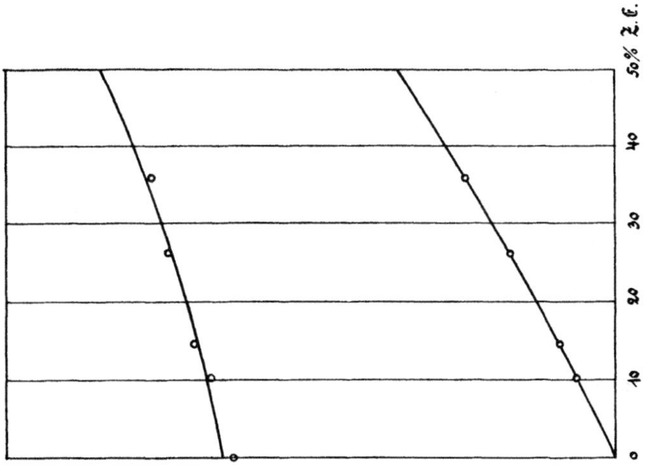

Fig. 58.

	1180	PS_i	62	Proz.
	935	,,	$64\frac{1}{2}$	,,
	672	,,	66	,,
und	415	,,	$66\frac{1}{2}$	,,

Diese Werte sind in Wirklichkeit sehr leicht zu erreichen. Das adiabatische Wärmegefälle ist dabei gerechnet zwischen $14\frac{1}{2}$ Atm. und 300^0 Anfangszustand und 0,2 Atm. Endzustand.

Für eine Normalleistung von 935 PS_i wurde der Dampfverbrauch rechnerisch zu 5,22 kg pro PS_i-Std. ermittelt unter der Voraussetzung, daß die Maschine ohne Zwischendampfentnahme und bei normaler Aufnehmerspannung betrieben wird. In folgender Tabelle ist der

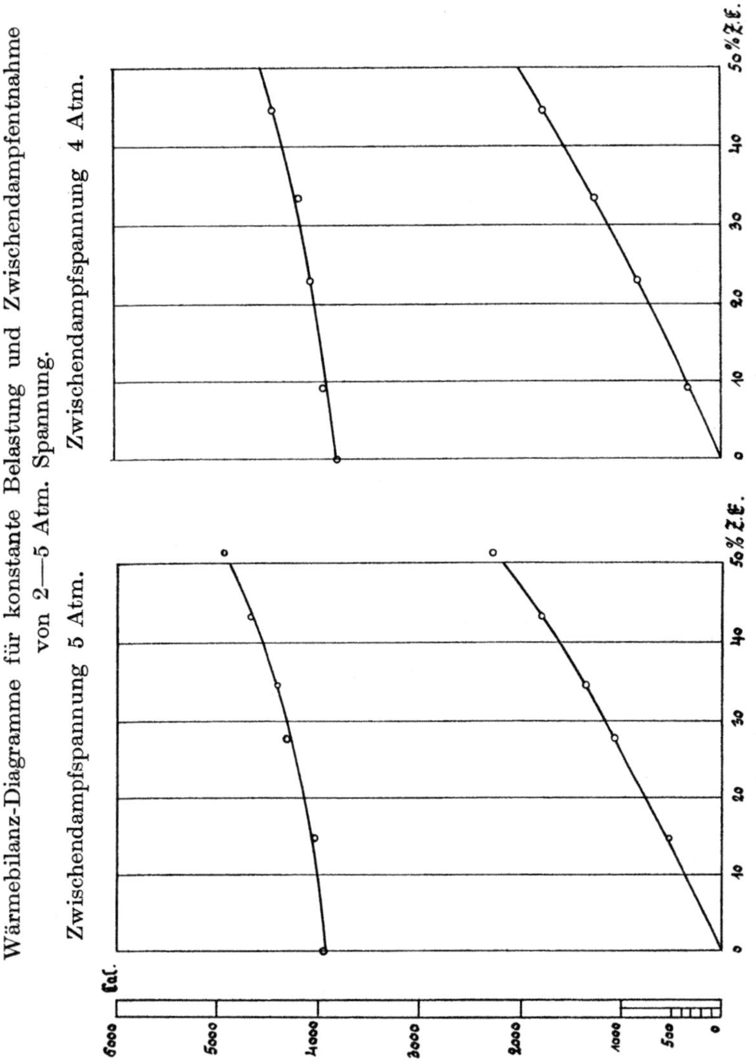

Fig. 59. Fig. 60.

Dampfverbrauch bei steigender Zwischendampfentnahme und 2—5 Atm. Zwischendampfspannung zusammengestellt, wobei 5,22 kg pro PS_i-Std., also der normale Dampfverbrauch, gleich 100 Proz. gesetzt sind.

Zwischendampfentnahme in Prozent	0	10	20	30	40	50
Zwischendampfspannung in Atm.						
2	100	101	103	106	110	114
3	100	102	104	107	112	116
4	101	103	106	109	114	120
5	103	106	110	114	120	130

Wärmebilanz-Diagramme für konstante Belastung und Zwischendampfentnahme von 2—5 Atm. Spannung.

Zwischendampfspannung 3 Atm.

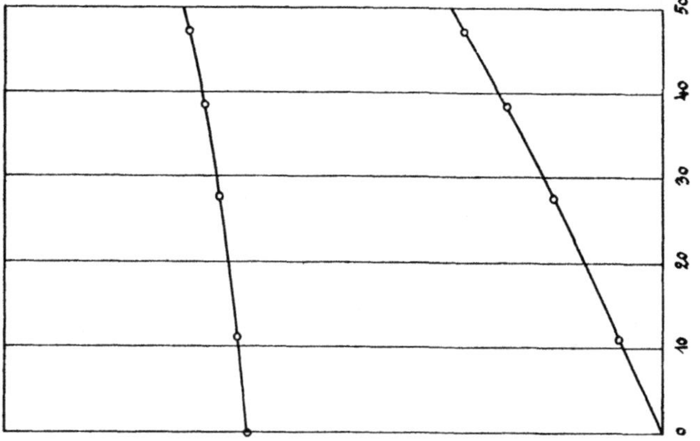

Fig. 61.

Zwischendampfspannung 2 Atm.

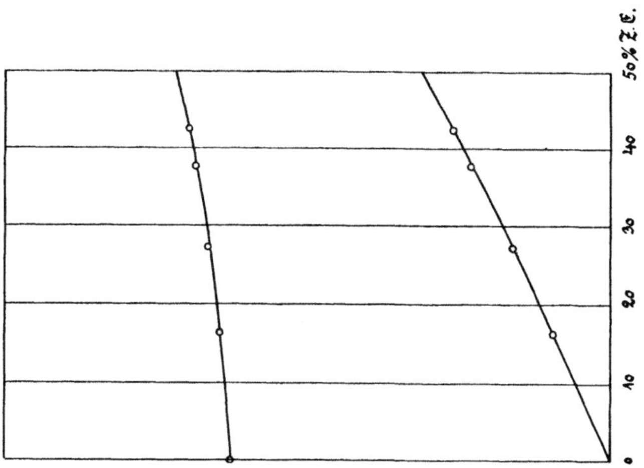

Fig. 62.

Die Übereinstimmung vorstehender Zahlen mit der Tabelle auf Seite 55 ist fast vollkommen. Es kann daraus geschlossen werden, daß die Höhe des Gegendruckes im Niederdruckzylinder ohne Einfluß ist auf die prozentuale Zunahme des Dampfverbrauches mit der Menge und der Spannung des entnommenen Zwischendampfes.

Die Bilanzdiagramme, d. i. die graphische Darstellung der Wärmemengen, welche der Maschine pro indizierte Pferdekraftstunde zugeführt und mit dem Zwischendampf entnommen werden, sind in den Fig. 55—62 dargestellt. Fig. 55—58 gelten für verschiedene Belastung, Fig. 59—62 für verschiedene Zwischendampfspannungen.

Die aus den Dampfdiagrammen berechneten Werte, welche zum

Tabelle 10.

Belastung 1180 PS_i.

Lfd. Nr.	Diagramm Nr.		1	2	3	4	5	6	7
1	Nutzbarer Dampfverbrauch C_i'	kg pro PS_i-Std.	5,01	5,08	5,20	5,38	5,60	5,92	6,4
2	Dampfverluste $C_i'' + C_i'''$ . .	„	0,60	0.60	0,60	0,60	0,60	0,60	0,60
3	Spezifischer Dampfverbrauch C_i	„	5,61	5,68	5,80	5,98	6,20	6,52	7,00
4	Zwischend.-Entnahme in Proz. des Dampfverbrauches . .	Proz.	0	2,1	10,3	17,8	27,4	34,8	45,5
5	Der Maschine zugeführte Wärmemenge.	Kal. pro PS_i-Std.	4060	4100	4200	4320	4480	4720	5070
6	Zwischendampfwärme	„	0	79	400	710	1120	1500	2110

Tabelle 11.

Belastung 935 PS_i.

Lfd. Nr.	Diagramm Nr.		1	2	3	4	5	6
1	Nutzbarer Dampfverbrauch C_i'	kg pro PS_i-Std.	4,82	4,95	5,33	5,48	5,83	6,20
2	Dampfverluste $C_i'' + C_i'''$	„	0,60	0,60	0,60	0,60	0,60	0,60
3	Spezifischer Dampfverbrauch C_i.	„	5,42	5,55	5,93	6,08	6,43	6,80
4	Zwischendampf-Entnahme in Proz. des Dampfverbrauches	Proz.	0	14,3	27,4	34,2	43	51,2
5	Der Maschine zugeführte Wärmemenge .	Kal. pro PS_i-Std.	3930	4020	4300	4400	4660	4920
6	Zwischendampfwärme	„	0	520	1060	1350	1800	2270

Tabelle 12.

Belastung 672 PS_i.

Lfd. Nr.	Diagramm Nr.		1	2	3	4	5
1	Nutzbarer Dampfverbrauch C_i'	kg pro PS_i-Std.	4,7	5,03	5,32	5,66	5,9
2	Dampfverluste $C_i'' + C_i'''$	„	0,62	0,62	0,62	0,62	0,62
3	Spezifischer Dampfverbrauch C_i	„	5,32	5,65	5,94	6,28	6,52
4	Zwischend.-Entnahme in Proz. des Dampfverbrauches	Proz.	0	14,4	30,5	40,3	45,2
5	Der Maschine zugeführte Wärmemenge	Kal. pro PS_i-Std.	3860	4100	4300	4540	4740
6	Zwischendampfwärme	„	0	530	1180	1650	1910

Tabelle 13.

Belastung 415 PS_i.

Lfd. Nr.	Diagramm Nr.		1	2	3	4	5
1	Nutzbarer Dampfverbrauch C_i'	kg pro PS_i-Std.	4,58	4,86	5,07	5,46	5,68
2	Dampfverluste $C_i'' + C_i'''$	„	0,65	0,65	0,65	0,65	0,65
3	Spezifischer Dampfverbrauch C_i	„	5,23	5,51	5,72	6,11	6,33
4	Zwischend.-Entnahme in Proz. des Dampfverbrauches	Proz.	0	10,2	14,6	26,3	36
5	Der Maschine zugeführte Wärmemenge	Kal. pro PS_i-Std.	3780	4000	4150	4430	4580
6	Zwischendampfwärme	„	0	370	545	1040	1480

Tabelle 14. Zwischendampfspannung 4 Atm. Belastung 935 PS_i.

Lfd. Nr.	Diagramm Nr.		1	2	3	4	5
1	Nutzbarer Dampfverbrauch C_i'	kg pro PS_i-Std.	4,63	4,80	5,00	5,15	5,50
2	Dampfverluste $C_i'' + C_i'''$	„	0,60	0,60	0,60	0,60	0,60
3	Spezifischer Dampfverbrauch C_i	„	5,23	5,40	5,60	5,75	6,10
4	Zwischend.-Entnahme in Proz. des Dampfverbrauches	Proz.	0	9,0	22,6	33,4	44,5
5	Der Maschine zugeführte Wärmemenge	Kal. pro PS_i-Std.	3790	3910	4050	4160	4420
6	Zwischendampfwärme	„	0	315	820	1240	1750

Tabelle 15. Zwischendampfspannung 3 Atm. Belastung 935 PS_i.

Lfd. Nr.	Diagramm Nr.		1	2	3	4	5
1	Nutzbarer Dampfverbrauch C_i'	kg pro PS_i-Std.	4,61	4,77	4,95	5,17	5,35
2	Dampfverluste $C_i'' + C_i'''$	„	0,60	0,60	0,60	0,60	0,60
3	Spezifischer Dampfverbrauch C_i	„	5,21	5,37	5,55	5,77	5,95
4	Zwischend.-Entnahme in Proz. des Dampfverbrauches	Proz.	0	11,1	27,8	38,3	47,2
5	Der Maschine zugeführte Wärmemenge	Kal. pro PS_i-Std.	3770	3880	4030	4170	4300
6	Zwischendampfwärme	„	0	385	1000	1420	1810

Tabelle 16. Zwischendampfspannung 2 Atm. Belastung 935 PS_i.

Lfd. Nr.	Diagramm Nr.		1	2	3	4	5
1	Nutzbarer Dampfverbrauch C_i'	kg pro PS_i-Std.	4,61	4,77	4,91	5,10	5,19
2	Dampfverluste $C_i'' + C_i'''$	„	0,60	0,60	0,60	0,60	0,60
3	Spezifischer Dampfverbrauch C_i	„	5,21	5,37	5,51	5,70	5,79
4	Zwischend.-Entnahme in Proz. des Dampfverbrauches	Proz.	0	16,2	27,2	37,6	42,4
5	Der Maschine zugeführte Wärmemenge	Kal. pro PS_i-Std.	3770	3880	4000	4120	4190
6	Zwischendampfwärme	„	0	560	965	1390	1560

Aufzeichnen dieser Bilanzdiagramme nötig waren, sind in den Tabellen 10 bis 16 enthalten.

Die Bilanzdiagramme zeigen deutlich die Erhöhung der Wärmeökonomie der Maschine durch die Verwendung des Zwischendampfes. Bei den angenommenen Werten der Kondensations- und Dampflässigkeitsverluste ist die Höhe der Belastung der Maschine auf den Wärmeverbrauch ohne merklichen Einfluß; dagegen zeigt sich der günstige Einfluß der steigenden Zwischendampfentnahme und des sinkenden Zwischendampfdruckes unverkennbar. Der indizierte thermische Wirkungsgrad der Dampfmaschine

$$\eta_{th} = \frac{632}{\text{Wärmeaufwand pro PS}_i\text{-Std.}} \cdot 100 \text{ Proz.}$$

berechnet sich bei 5 Atm. Zwischendampfdruck und veränderlicher Belastung zu ca. 16 Proz. ohne Zwischendampfentnahme, zu ca. 25 Proz. bei 50 Proz. Zwischendampfentnahme. Durch eine Zwischendampfentnahme von 50 Proz. wird also der indizierte thermische Wirkungsgrad um nicht weniger als 9 Proz. verbessert. Von der Dampfmaschine mit Zwischendampfentnahme wird zwar nur ein Teil der ihr zugeführten, für Energiewandlung disponiblen Wärmemenge wirklich in Arbeit verwandelt, wodurch sich der erhöhte spezifische Dampfverbrauch dieser Maschine gegenüber jener ohne Zwischendampfentnahme ergibt. Trotzdem ist der Wärmeverbrauch pro Pferdekraftstunde und damit der thermische Wirkungsgrad der Maschine mit Zwischendampfentnahme besser, weil der Wärmeinhalt des entnommenen Zwischendampfes für Heizzwecke nutzbar gemacht werden kann, während die Maschine ohne Zwischendampfentnahme den weitaus größten Teil der ihr mit dem Frischdampf zugeführten Wärme an das Kühlwasser im Kondensator abgibt oder in die Atmosphäre auspufft.

V. Kolbenmaschine und Dampfturbine als Kraft-Heizungsmaschine.

In der vorliegenden Untersuchung ist der Dampf- und Wärmeverbrauch einer Verbundmaschine mit Zwischendampfentnahme für ein frei gewähltes Beispiel unter verschiedenen Bedingungen ermittelt. Selbstverständlich haben die absoluten Zahlenwerte nur für die getroffenen Voraussetzungen Gültigkeit. Ebenso sicher ist jedoch, daß die entwickelten relativen Beziehungen zwischen den abhängigen und den variierten Größen für alle Kolbenmaschinen gelten, insofern nicht beträchtliche Abweichungen von den gewählten Grundlagen vorkommen. Die Höhe der Dampfeintrittsspannung und der Dampftemperatur beginnt sich mehr und mehr zu vereinheitlichen. 12—14 Atm. und 300° C sind heute fast die Regel. Die Kolbengeschwindigkeit unserer modernen Maschinen schwankt meist zwischen 3 und 4 m/sec. Von dieser Seite ist also eine wesentliche Beeinflussung der Richtigkeit der entwickelten wechselseitigen Beziehungen nicht zu erwarten. Die Maschinengröße ist bestimmend für die Dampfverluste durch Kondensation und Lässigkeit. Die Verlustgrößen können in jedem Fall nach Hrabák mit genügender Zuverlässigkeit geschätzt werden und treten als additives Glied zu dem in den Tabellen angegebenen nutzbaren Dampfverbrauch C_i'. Das Zylinderverhältnis regelt die Leistungsverteilung auf beide Zylinder. Das Verhältnis $V_h : V_n$ muß bei hoher Zwischendampfentnahme groß gewählt werden, da alsdann der Hochdruckzylinder hauptsächlich für die Arbeitsleistung in Betracht kommt. Gegen die Annahme eines großen Niederdruckzylindervolumens spricht auch der Umstand, daß bei hoher Zwischendampfentnahme die Füllungsgrade eines großen Niederdruckzylinders zu klein werden, was die bekannten Nachteile: Drosselung infolge geringer Eröffnung der Dampfeinströmwege und Schleifenbildung am Ende der Expansionslinie, zur Folge hat. Der Aufnehmer soll von der Stelle an, wo ihm der Zwischendampf entnommen wird, nicht zu groß bemessen sein, damit der noch darin befindliche Arbeitsdampf des Niederdruckzylinders durch Stagnieren keine bedeutenderen Abkühlungsverluste erleidet. Erwähnt soll noch werden, daß bei einem großen Zylinderverhältnis die Summe der Kolbendrücke einer Maschine groß ausfällt. Die Regulierung der Niederdruckfüllung durch einen automatischen Druckregler wurde bereits früher besprochen. Arbeitet die Maschine mit schlechtem Vakuum (von etwa 50 Proz. ab), so sind Luftpumpenklappen aus Gummi nicht mehr anzuraten, da Gummi bei höheren Temperaturen sehr wenig widerstandsfähig ist. Es empfiehlt sich alsdann die Verwendung von Kinghornventilen [48]) oder ähnlichen Metallventilen. Im übrigen ist die Konstruktion einer Maschine mit Zwischendampfentnahme und schlechtem Vakuum dieselbe wie die der gewöhnlichen Verbunddampfmaschine.

Die von Eberle untersuchte Tandemverbundmaschine *) von 250 bis 350 PS_e in der Dampfanlage der „Münchener Neuesten Nachrichten" hat 6,47 kg Dampfverbrauch pro PS_i-Std. ohne Zwischendampfentnahme und 6,76 kg bei 27 Proz. Zwischendampfentnahme von 2 Atm. Spannung. Das Verhältnis 6,47 : 6,76 beträgt 100 : 105, stimmt also mit der Angabe in Tabelle S. 64 sehr gut überein. Andere Versuche desselben Autors an einer nur 60pferdigen Zweikurbel-Verbundmaschine

---

[48]) Siehe Strebel, Luftpumpen für Schiffsmaschinen. Z. d. V. D. Ing. 1905, S. 1930.

*) Z. d. bayr. Rev.-Ver. 1907, S. 175 u. ff.

ergaben ein rascheres Ansteigen des Dampfverbrauches mit der Zwischendampfentnahme, als die Tabelle S. 64 zeigt. Dies rührt hauptsächlich wohl daher, daß die Maschine mit 1 : 2,9 Zylindervolum-Verhältnis nicht für Zwischendampfentnahme gebaut war, und daß der dem zweiten Zylinder zugeführte Arbeitsdampf zu lange in dem großen Aufnehmer verweilte und beträchtlichen Abkühlungsverlusten ausgesetzt war *).

Die Dampfturbine als Kraft-Heizungsmaschine zu untersuchen, ist hier zwar nicht beabsichtigt, doch sollen einige Bemerkungen darüber nicht unterlassen werden. Es ist bekannt, daß bei der Verwertung des Abdampfes zu Heizzwecken die Turbine mit der Kolbenmaschine nicht konkurrieren kann, weil sie sich ihres prinzipiellen Vorteiles begibt, nämlich der Ausnützung des guten Vakuums. Bei gleichem Vakuum arbeitet die Turbine thermisch ungünstiger als die Kolbenmaschine. Nach Feststellungen von Josse **) ist der Gütegrad der Wärmeausnützung bei den Turbinen um etwa 10 Proz. schlechter als bei den Kolbenmaschinen, auf gleiche Leistung bezogen. Auch der mechanische Wirkungsgrad der Turbine mit schlechtem Vakuum ist niedriger als jener der entsprechenden Kolbenmaschine, weil die Dampfreibung mit der Dichte des Dampfes zunimmt und einen wachsenden Teil der indizierten Arbeit verzehrt. Bei gleicher Leistung und gleichem Dampfanfangszustand verläßt der Abdampf die Turbine mit höherem Wärmeinhalt als die Kolbenmaschine. Das ist ein zweifacher Nachteil für die Turbine als Kraft-Heizungsmaschine; denn erstens ist der Abdampf der Turbine bei hoher Anfangsüberhitzung noch überhitzt, was für seine Verwendung als Heizdampf im allgemeinen unerwünscht ist, und zweitens ist die Leistung der Turbine geringer als die der Kolbenmaschine, wenn beide Maschinengattungen so belastet werden, daß sie gleichviel Wärmemengen für Heizzwecke abgeben.

Die Anpassungsfähigkeit der Turbine an große Schwankungen in der Belastung und in der Höhe der Zwischendampfentnahme oder in der Zwischendampfspannung ist bei weitem nicht so wirtschaftlich als bei der Kolbenmaschine. Der Grundsatz — suum cuique — spricht also entschieden zugunsten der Kolbenmaschine als Kraft-Heizungsmotor mit hohem Gegendruck oder veränderlicher Zwischendampfentnahme.

---

*) Z. d. bayr. Rev.-Vor. 1907. S. 85 u. ff. Eberle konstatierte bei Beginn der Expansion im Niederdruckzylinder spezifische Dampfmengen von 0,56, 0,57, 0,60 usw. trotz Betrieb mit Heißdampf von 275° C Temperatur und Niederdruckmantelheizung.

**) Siehe Anmerkung 29.

VI. Beispiel einer Kraftheizungsanlage.

Mit der Beheizung und der Erzeugung von warmem Wirtschaftswasser eines Krankenhauses für 1500 Kranke soll ein Dampf-Elektrizitätswerk in der Weise verbunden werden, daß ein Teil des Zwischendampfes der Antriebsmaschinen mit 5 Atm. Spannung zur Ferndampfheizung, der Abdampf zur Bereitung von Warmwasser von ca. 80° C Temperatur für die Warmwasserheizung und für Bedarfszwecke verwendet wird. Die aufzustellenden Kraft-Heizungsmaschinen sollen stets dem Heizdampfbedarf entsprechend belastet werden. In den Fig. 63 bis 74 sind für die Durchschnittstage der zwölf Monate die für die Heizung und Warmwasserbereitung stündlich benötigten Wärmemengen graphisch dargestellt. (Kurven a, b und c.)

Es soll die Tagesleistung des Elektrizitätswerkes für jeden Monat und die Durchschnittsleistung für ein Jahr in Kilowattstunden berechnet und der Dampfverbrauch pro Kilowattstunde angegeben werden.

Der Dampfzustand vor der Maschine sei zu $14\frac{1}{2}$ Atm. abs. und 300° C, der Gegendruck im Niederdruckzylinder zu 0,55 Atm. abs. gewählt. Behufs wirtschaftlicher Anpassung an die Betriebsschwankungen werden 3 Maschineneinheiten aufgestellt, bestehend aus je einer Tandemverbundmaschine direkt mit einer Drehstromdynamo gekuppelt. Das Werk soll parallel mit anderen Zentralen auf ein größeres Netz arbeiten. Die Hauptabmessungen der Maschinen sind

Hochdruckzylinderdurchmesser	500	mm
Niederdruckzylinderdurchmesser	750	,,
Hub	1100	,,
Umdrehungen pro Minute	107	

Die garantierten mechanischen und elektrischen Wirkungsgrade sind dieselben, wie in den Tabellen 3—6 angenommen. Das Beispiel ist also so gewählt, daß die in den Fig. 26, 27 und 34 dargestellten Rechnungsergebnisse ohne weiteres verwendet werden können.

Zu den verschiedenen Werten des Bedarfes an Abdampf- und Zwischendampfwärme innerhalb eines Tages ist die entsprechende Belastung, die Anzahl der betriebenen Maschinen und der momentane spezifische Dampfverbrauch aus den erwähnten Diagrammen zu finden. Die Leistung und der Dampfverbrauch sind in den Figuren 63—74 durch die Kurven d und e dargestellt. Für die Monate Mai, Juni mit August und Dezember sind die zur Zeichnung der Kurven d und e erforderlichen Werte in den Tabellen 17, 18 und 19 beispielshalber zusammengestellt.

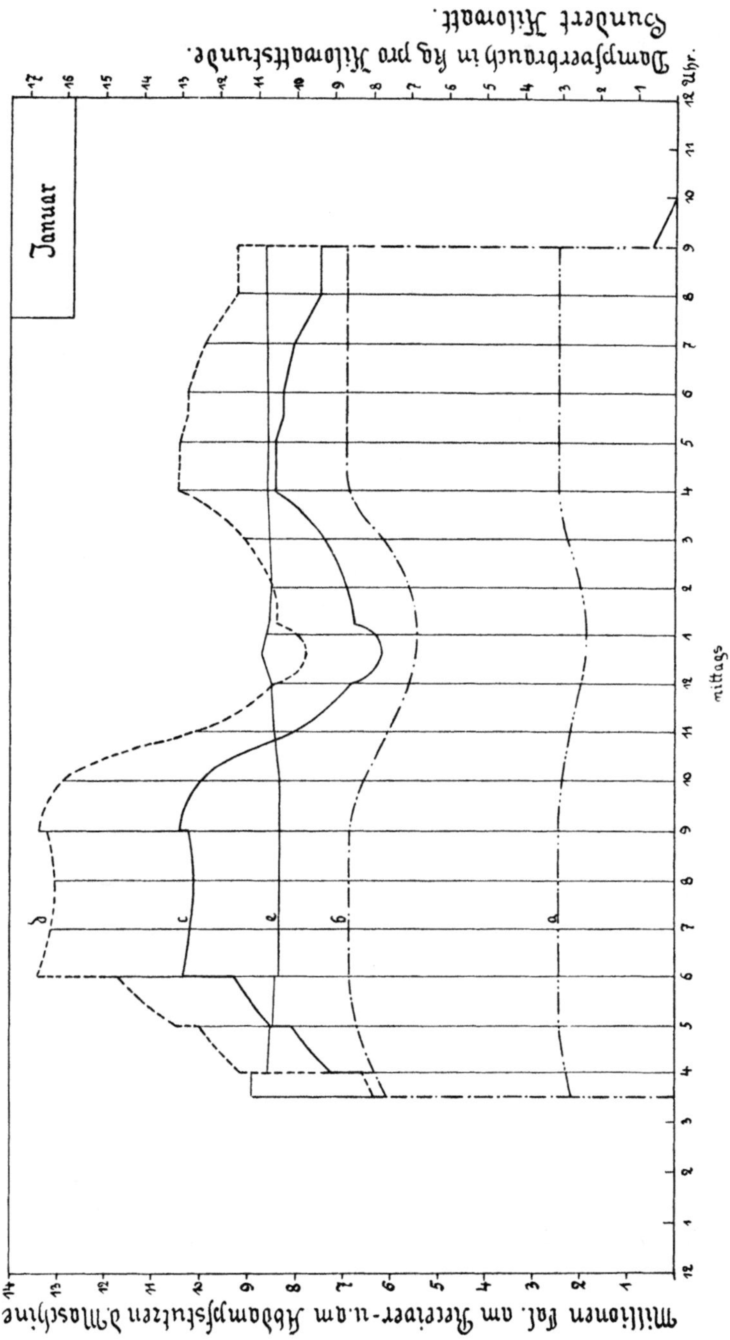

Fig. 63.

Erklärung für Fig. 63—74:

a —·—·— Heizdampf für die Ferndampfheizung
b —··—··— Heizwasser für die Fernwarmwasserheizung
c ——— Brauchwasser
d - - - - - Leistung in Kilowatt
e ——— Dampfverbrauch pro Kilowattstunde

(a–c: Wärmemengen.)

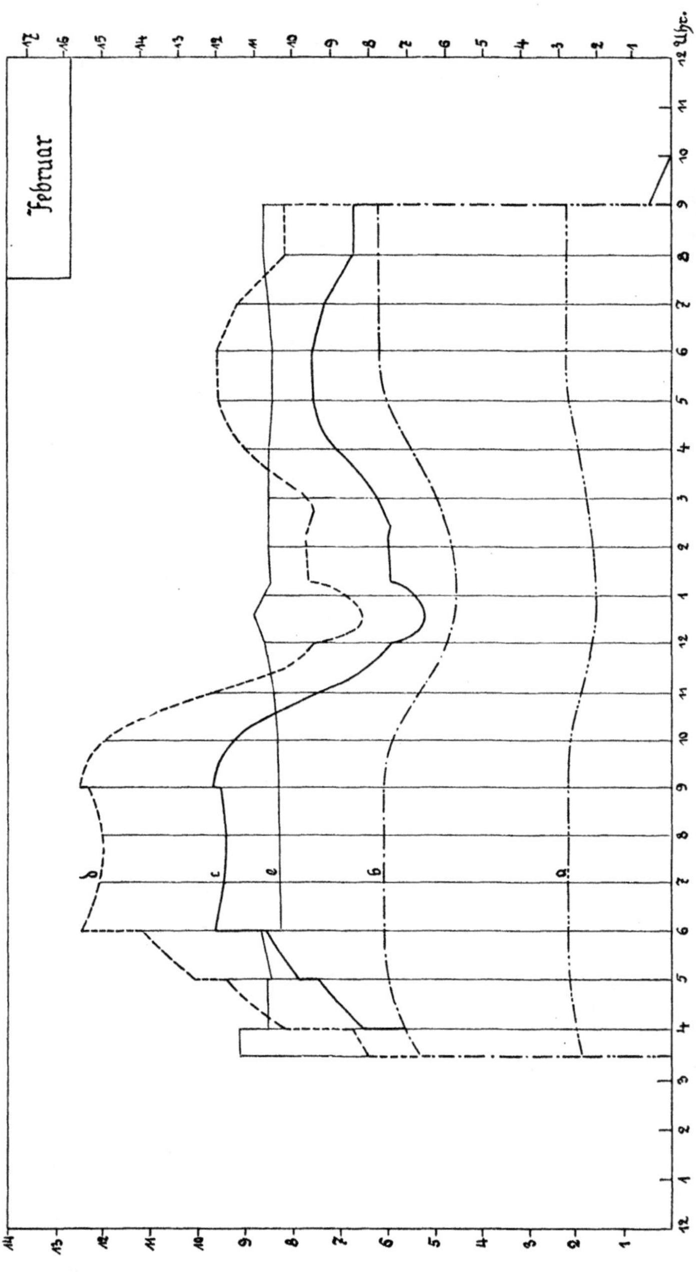

Fig. 64.

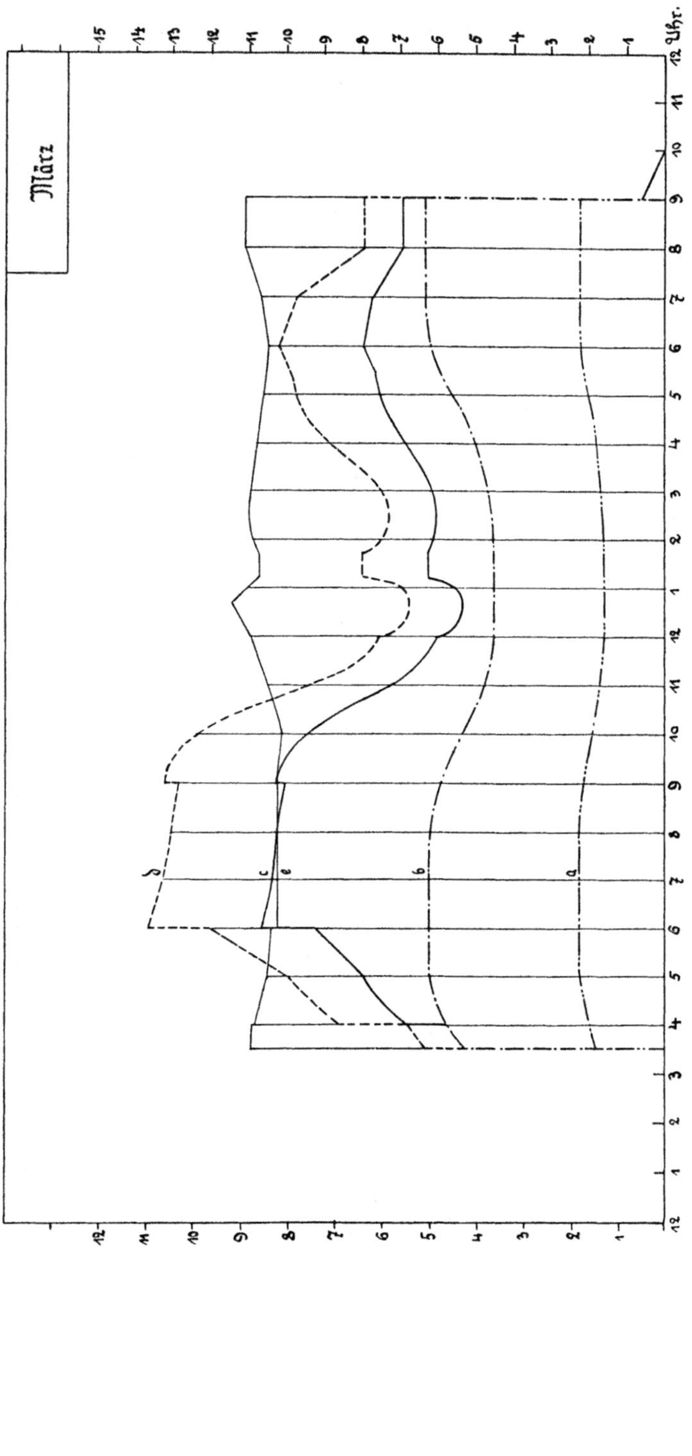

Fig. 65.

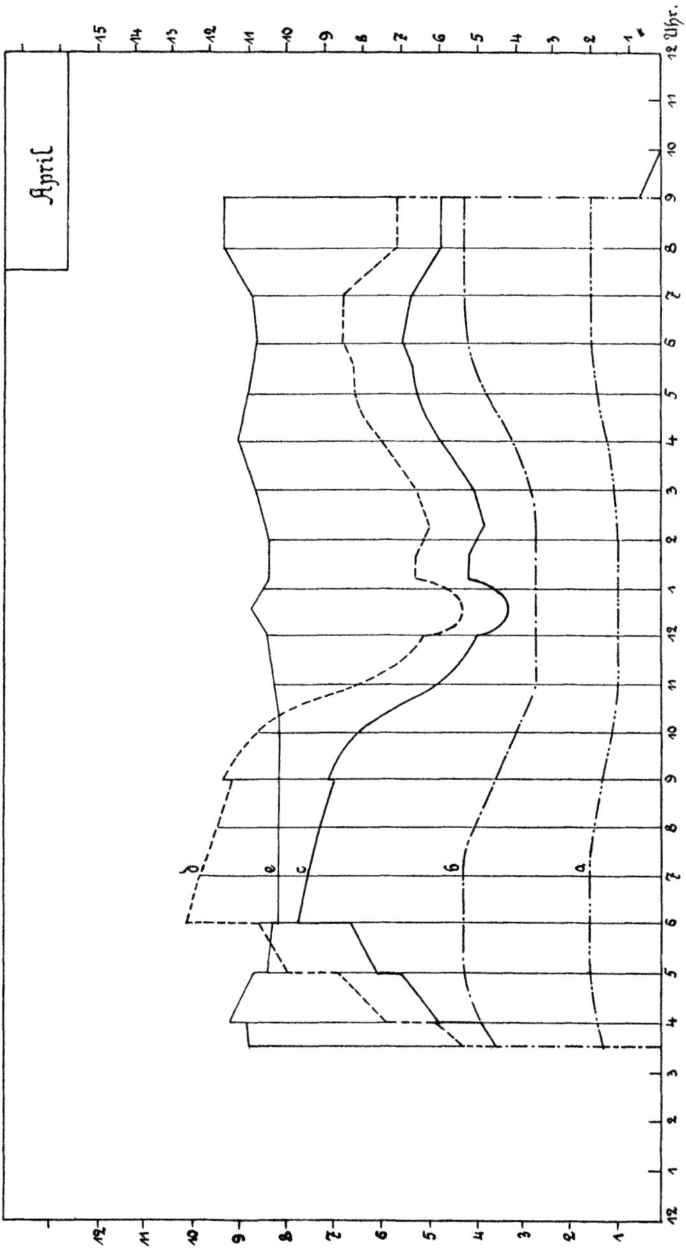

Fig. 66.

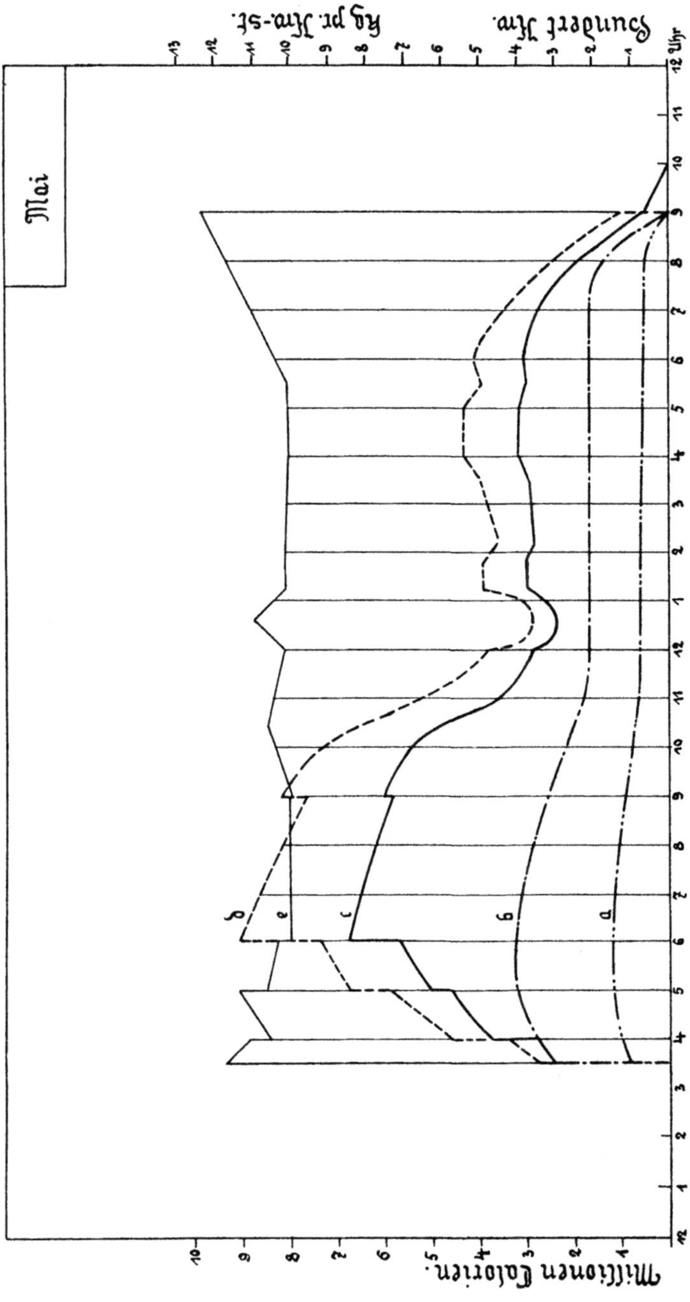

Fig. 67.

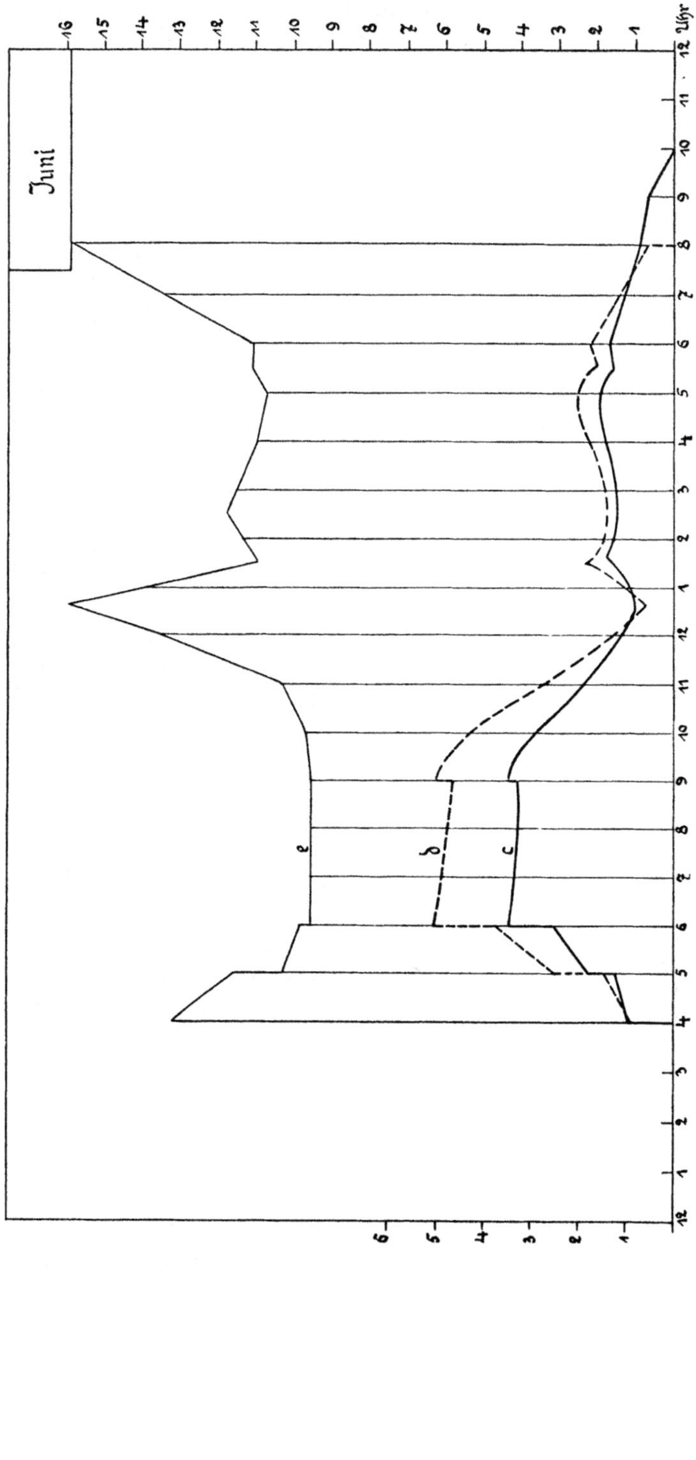

Fig. 68.

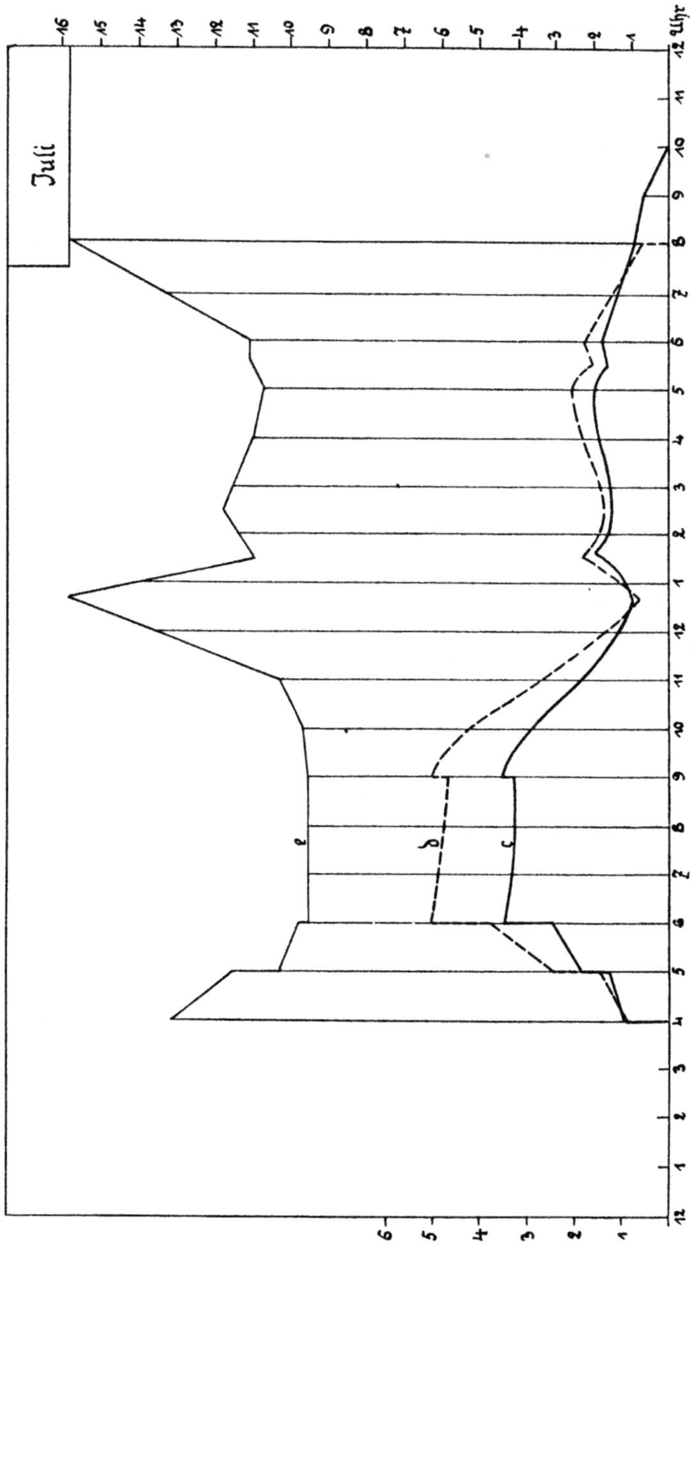

Fig. 69.

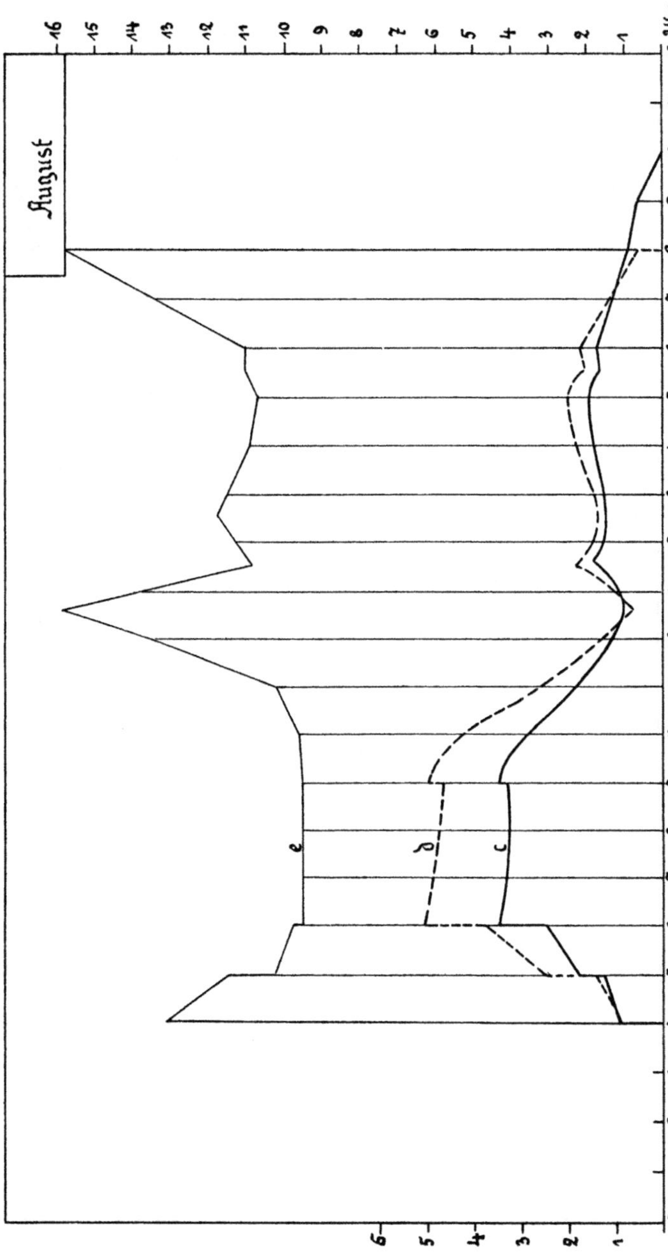

Fig. 70.

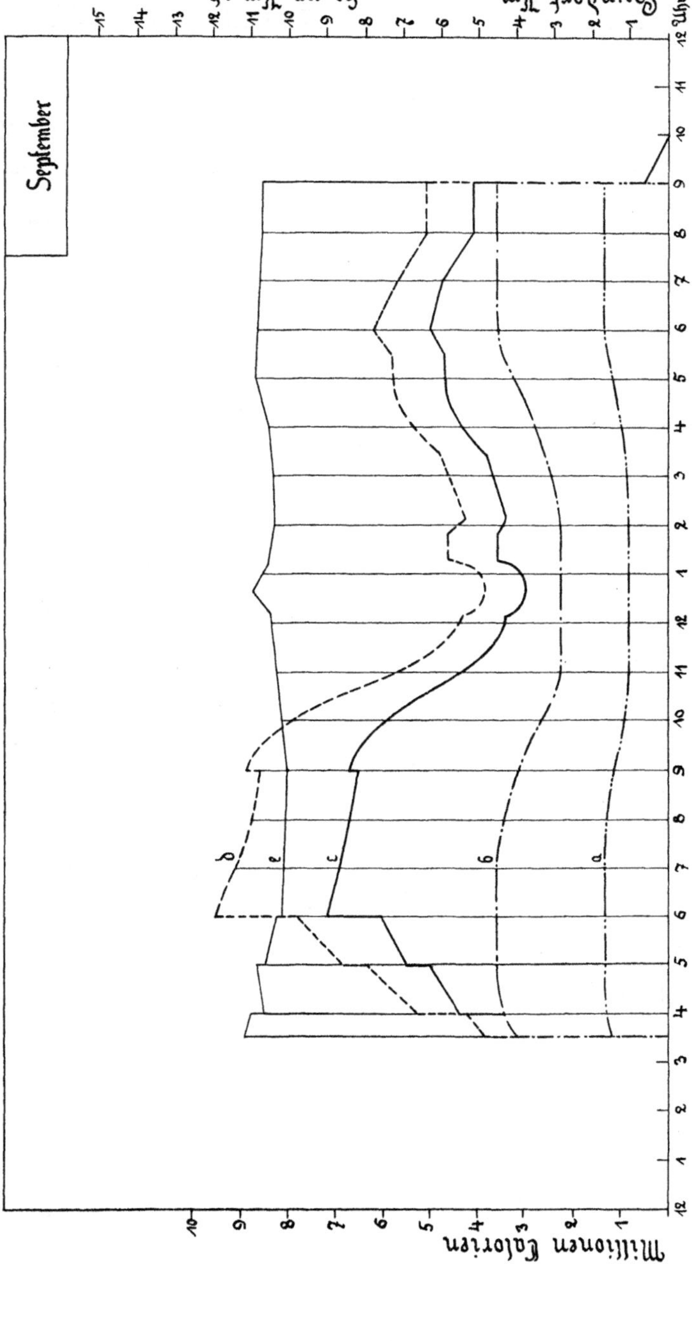
September
Hundert Kw.
kg pr. Kw-st.
Millionen Calorien
12 Uhr
a
b
c
d
e

Fig. 71.

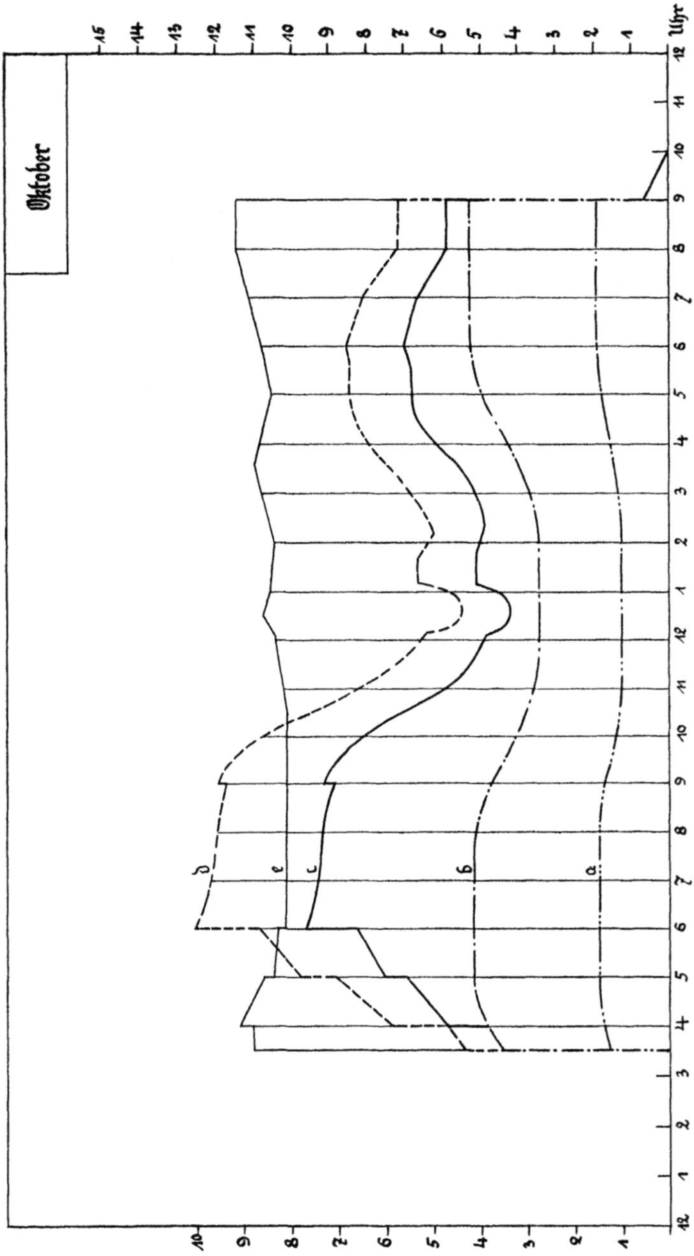

Fig. 72.

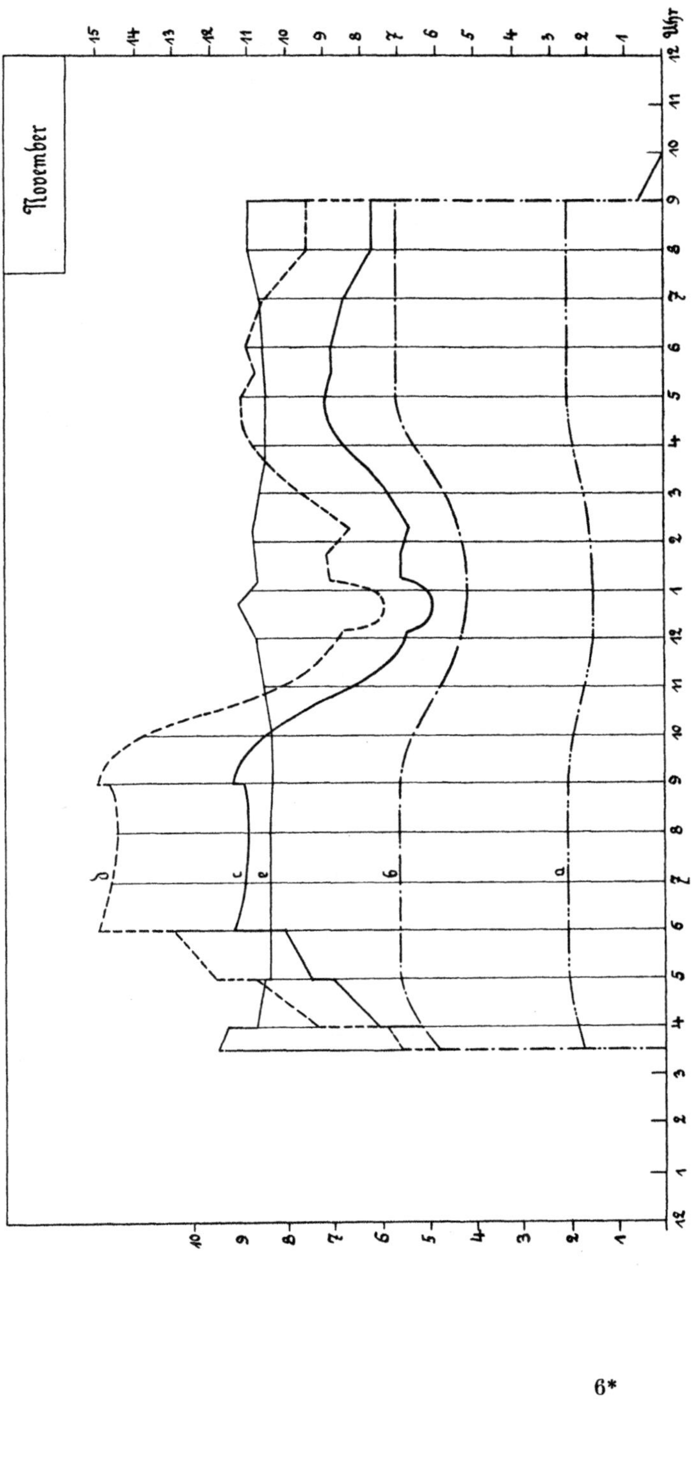

Fig. 73.

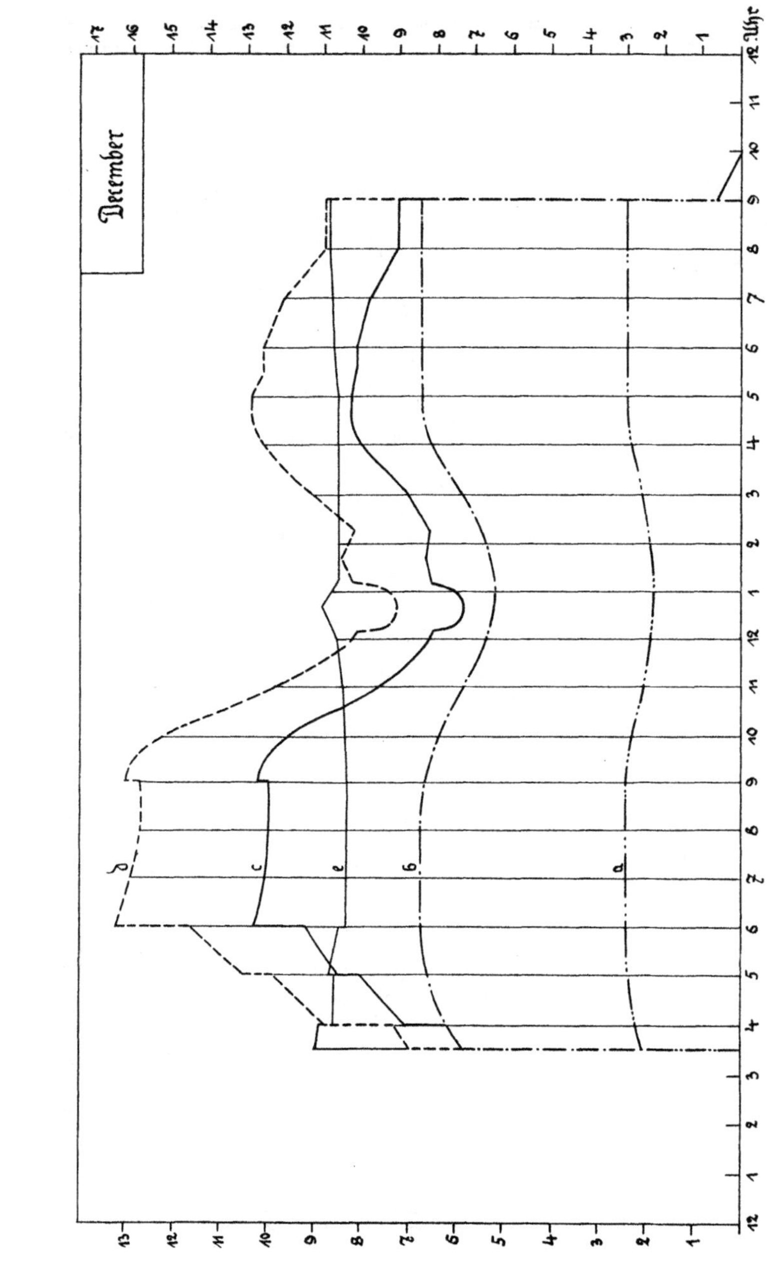

Fig. 74.

Tabelle 17. Mai.

Lfd. Nr.																				
1	Tageszeit		$3^{\underline{30}}$	$4^{\underline{00}}$	$4^{\underline{00}}$	$5^{\underline{00}}$	$5^{\underline{00}}$	6^{00}	6^{00}	9^{00}	9^{00}	10^{30}	12^{00}	12^{30}	1^{15}	2^{00}	4^{00}	5^{30}	$8^{\underline{00}}$	$9^{\underline{00}}$
2	Anzahl d. betriebenenMaschinen		1	1	1	2	2	2	2	2	2	2	1	1	1	1	1	1	1	1
3	Belastung einer Maschine . .	Kw.				370	420	460	570	480	515	400								
4	Gesamtleistung	„	342	428	570	740	840	920	1140	960	1030	800	470	370	500	465	545	490	300	125
5	Spezifischer Dampfverbrauch .	kg pro Kw.-Std.	11,75	11,2	10,55	11,4	10,65	10,4	10,1	10,1	10,0	10,75	10,2	11,0	10,2	10,22	10,1	10,2	11,8	12,5
6	Zwischendampfentnahme . . .	Proz.	32,5	32,6	25	22	20,5	18,7	15,5	14	13,5	13,0	19	22,5	17,8	19	15,5	16,8	24,5	19

Tabelle 18. Juni, Juli, August.

1	Tageszeit		$4^{\underline{00}}$	$5^{\underline{00}}$	$5^{\underline{00}}$	6^{00}	6^{00}	8^{00}	9^{00}	10^{00}	11^{00}	12^{30}	1^{30}	2^{30}	4^{00}	5^{00}	5^{30}	$6^{\underline{00}}$	$8^{\underline{00}}$
2	Anzahl der betriebenen Maschinen .		1	1	1	1	1	1	1	1	1	1	1	1	1	1	1	1	1
3	Belastung einer Maschine	Kw.																	
4	Gesamtleistung	„	115	180	310	475	635	595	635	530	340	65	230	165	230	255	207	220	65
5	Spezifischer Dampfverbrauch . . .	kg pro Kw.-Std.	13,3	11,6	10,4	9,8	9,6	9,6	9,6	9,7	10,3	16	11	11,85	11	10,75	11,2	11,1	16
6	Zwischendampfentnahme	Proz.	0	0	0	0	0	0	0	0	0	0	0	0	0	0	0	0	0

Tabelle 19. Dezember.

1	Tageszeit		$3^{\underline{30}}$	$4^{\underline{00}}$	$4^{\underline{00}}$	$5^{\underline{00}}$	$5^{\underline{00}}$	6^{00}	6^{00}	9^{00}	9^{00}	10^{30}	12^{00}	12^{30}	1^{10}	2^{00}	4^{00}	5^{00}	$6^{\underline{00}}$	$8^{\underline{00}}$
2	Anzahl d. betriebenenMaschinen		2	2	2	2	3	3	3	3	3	3	3	2	2	2	2	2	2	2
3	Belastung einer Maschine . .	Kw.	435	455	542	615	435	485	550	530	540	470	510	455	515	515	630	645	630	550
4	Gesamtleistung	„	870	910	1084	1230	1305	1455	1650	1590	1620	1410	1020	910	1030	1030	1260	1290	1260	1100
5	Spezifischer Dampfverbrauch .	kg pro Kw.-Std.	11,2	11,1	10,7	10,66	10,8	10,55	10,35	10,35	10,35	10,4	10,63	10,9	10,6	10,6	10,65	10,65	10,7	10,8
6	Zwischendampfentnahme . . .	Proz.	33,0	33,2	29,2	27,5	25,5	23,7	21,5	22	21,5	22,8	27,7	29,5	26,8	27,5	27	27	27,5	30,7

Schließlich sei noch die Bestimmung der Leistung und des Dampfverbrauches aus den Wärmekurven für irgendeinen Zeitpunkt aus den Diagrammen Fig. 63—74 gezeigt, um an diesem Beispiel die Anwendung der im II. Abschnitt gefundenen Beziehungen zu erläutern.

Am mittleren Dezembertag um 4 Uhr nachm. ist der Bedarf an Zwischendampfwärme laut Kurve a Fig. 74 gleich 2,3 Mill. Kal., der Bedarf an Abdampfwärme laut Kurve c gleich 5,7 Mill. Kal. ($5{,}7 \,.\, 10^6$ = Ordinate von c minus Ordinate von a). Das Verhältnis

$$\frac{\text{Zwischendampfwärme}}{\text{Abdampfwärme}} \,.\, 100 \text{ Proz.}$$

berechnet sich somit zu

$$\frac{2{,}3 \,.\, 10^6}{5{,}7 \,.\, 10^6} \,.\, 100 = 40{,}5 \text{ Proz.},$$

die Höhe der Zwischendampfentnahme nach Diagramm Fig. 34 a demnach zu 27 Proz. Aus Fig. 34 ist ersichtlich, daß die von einer Maschine gelieferte Zwischendampfwärme bei 27 Proz. Zwischendampfentnahme maximal 1,3 Mill. Kal. erreicht. Es sind also 2 Maschinen zu betreiben und jeder Maschine 1,15 Mill. Kal. mit dem Zwischendampf zu entziehen. Durch Interpolation der Kurven für $^4/_4$ und $^3/_4$ Last in Fig. 34 ergibt sich eine Belastung jeder Maschine mit 1020 PS_i oder 630 Kw. bei der angegebenen Wärmeentnahme. Die Leistung der Anlage beträgt also am Dezembertag um 4 Uhr nachm. 2 × 630 = 1060 Kw. = Ordinate der Kurve d in Fig. 74. Der Dampfverbrauch pro Kw.-Std. bei 630 Kw. Belastung und 27 Proz. Zwischendampfentnahme kann dem Diagramm Fig. 27 entnommen werden und ergibt sich zu 10,65 kg pro Kw.-Std. = Ordinate der Kurve e in Fig. 74. Bequemer, als den Dampfverbrauch nach Fig. 27 durch Interpolation der Belastungskurven zu suchen, ist es, ein Diagramm ähnlich Fig. 28 zu entwerfen, indem man die Leistung in Kw. als Abszisse, den Dampfverbrauch pro Kw.-Std. als Ordinate aufträgt und die Kurven gleicher Zwischendampfentnahme in Prozenten des Gesamtdampfverbrauches interpoliert. Auf die Wiedergabe dieses Diagrammes ist hier verzichtet, da es nichts wesentlich Neues zeigt.

Die Zahl der im Betrieb befindlichen Maschinen verteilt sich auf die verschiedenen Monate wie folgt:

	3 Maschinen	2 Maschinen	1 Maschine
Januar	6—11 vorm.	übrige Zeit	—
Februar	6—11 vorm.	„	—
März	—	4 vorm. bis 9 nachm.	übrige Zeit
April	—	4—10³⁰ vorm., 4—9 nachm.	„
Mai	—	5—12 vorm.	„

	3 Maschinen	2 Maschinen	1 Maschine
Juni	—	—	die ganze Zeit
Juli	—	—	,,
August	—	—	,,
September	—	5—12 vorm., 5—8 nachm.	übrige Zeit
Oktober	—	4—12 vorm., 3^{30}—9 nachm.	,,
November	6—10^{30} vorm.	übrige Zeit	—
Dezember	5—12 vorm.	,,	—

Die Betriebszeit der Maschinen dauert in der Regel (nur die Sommermonate Juni—August machen eine Ausnahme) von 3^{30} morgens bis 9^{00} abends.

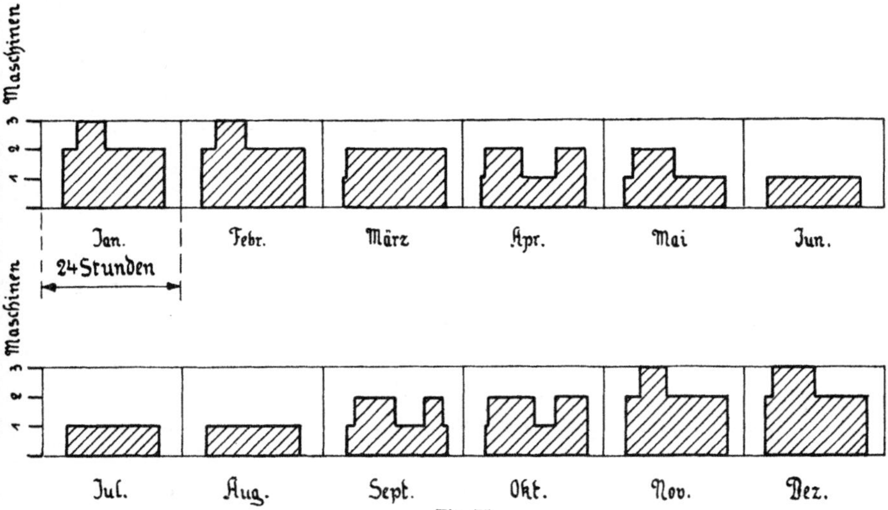

Fig. 75.

Darstellung der täglichen Betriebsdauer der Dampfmaschinen einer Kraft-Heizungszentrale.

Die vorstehende Zusammenstellung der Betriebszeiten mit einer, zwei oder drei Maschinen ist für die verschiedenen mittleren Monatstage in Fig. 75 dargestellt. Die Abszissen stellen die Tageszeiten von 12 Uhr nachts bis 12 Uhr nachts vor. Diese Darstellungsart gibt einen klaren Überblick über die Betriebsverhältnisse.

Bemerkenswert ist, daß mit Ausnahme der Monate April, September und Oktober niemals eine Maschine wiederholt in den Betrieb eingeschaltet werden muß, was die Bedienung sehr vereinfacht und die Anwärmeverluste beschränkt.

In Fig. 76 ist die jährliche Betriebszeit mit einer, zwei und drei Maschinen durch den staffelförmigen Linienzug dargestellt.

Die Ausnützung der Maschinenanlage ist eine sehr gute zu nennen, wenn man berücksichtigt, daß die dritte Maschine nicht bloß in den $9\frac{1}{2}$ Proz. ihrer Betriebszeit als Betriebsmaschine, sondern in den

52 Proz. der Betriebszeit der ersten und zweiten Maschine auch als Reservemaschine benötigt wird, also wirtschaftlich daseinsberechtigt ist. Von diesem Gesichtspunkt aus betrachtet ist die Anlage während $61\frac{1}{2}$ Proz. der Betriebszeit voll ausgenützt, ein geradezu glänzendes Ergebnis, wenn man damit die Belastung unserer bestehenden Dampf-Elektrizitätswerke vergleicht.

Nicht jede Kraft-Heizungsanlage wird naturgemäß eine so günstige „Belastungsvölligkeit" aufweisen wie das im vorliegenden Fall betrachtete Beispiel, denn es ist zu berücksichtigen, daß in einem Krankenhaus unabhängig von der Jahreszeit ein regelmäßiges Bedürfnis an warmem Brauchwasser vorhanden ist, und daß dort die Heizungsperiode

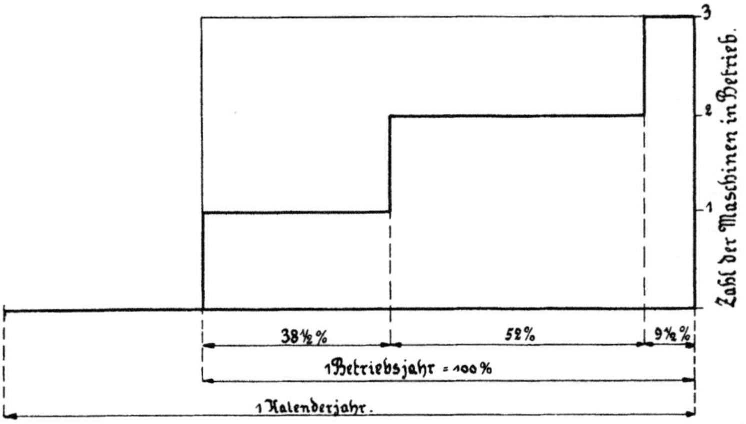

Fig. 76.

Darstellung der jährlichen Betriebszeit der Dampfmaschinen einer Kraft-Heizungszentrale.

länger dauert als in den Wohn- und Arbeitsräumen gesunder Menschen. Es finden sich eben, wie schon erwähnt, alle Abstufungen von der hochwirtschaftlichen zur unwirtschaftlichen Kraft-Heizungsanlage. Im allgemeinen ist aber in der Verbindung von Krafterzeugung und Zwischen- oder Abdampfverwertung immer ein wirtschaftlicher Fortschritt gelegen, nicht nur bei gewerblicher Verwendung des Dampfes, sondern auch bei seiner Verwendung zur Beheizung von Räumen, die dem Aufenthalt des Menschen dienen.

Die Diagramme Fig. 63—74 lohnen ein noch etwas näheres Studium. Aus dem täglichen Verlauf der Wärme-, Leistungs- und Dampfverbrauchskurven der Diagramme Fig. 63—74 kann durch Planimetrierung der von den Kurven, ihren beiden Endordinaten und der Abszissenachse eingeschlossenen Flächen der monatliche Mittelwert jener Größen gefunden werden. In Fig. 77 sind diese Werte nach der Größe des Wärmebedarfes geordnet aufgetragen.

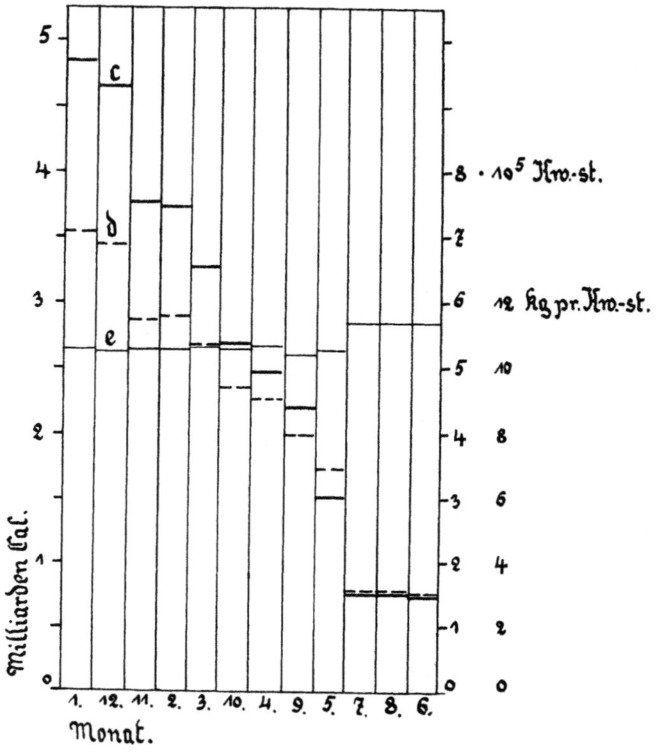

Fig. 77.

Verlauf des Gesamtwärmebedarfes
der Leistung d. Maschinen
u. des spez. Dampfverbrauchs
nach dem Wärmebedarf geordnet.

Zwischendampfwärme.

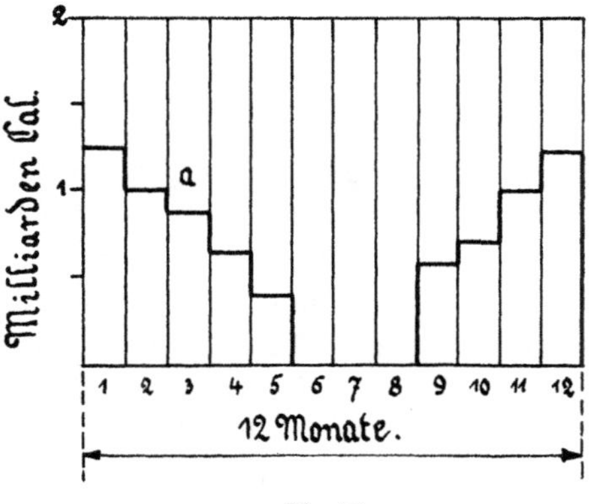

Fig. 78.

Die Ordnungsnummern der Monate sind an der Abszissenachse angeschrieben. Mit c ist der Verlauf des Wärmebedarfes, mit d jener der Leistung und mit e der Verlauf des Dampfverbrauches bezeichnet. Die Figur ist wenig übersichtlich, weshalb in den Fig. 78—82 der Verlauf dieser Größen nebst jenem der Abdampfwärme (Linienzug b) und der Zwischendampfwärme (Linienzug a) dargestellt ist.

Abdampfwärme.

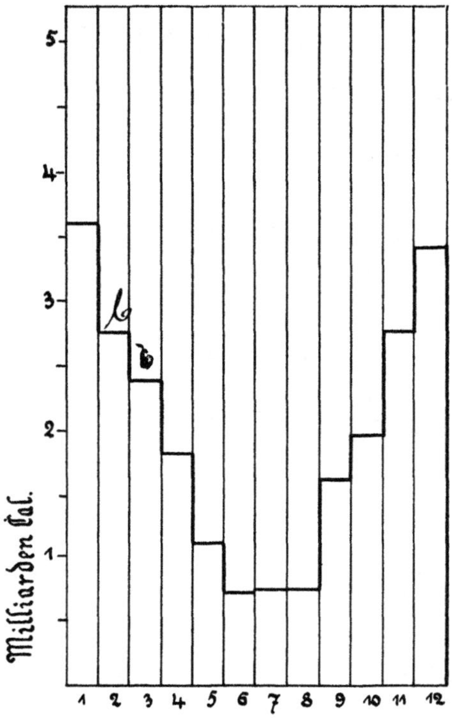

Fig. 79.

Zwischen- und Abdampfwärme.

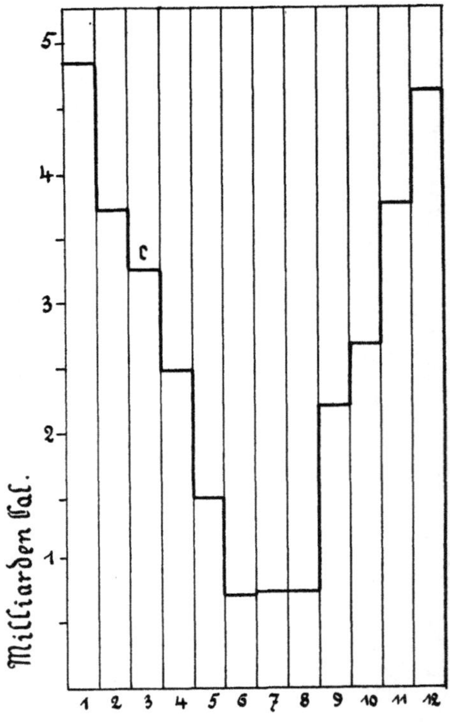

Fig. 80.

Der geringste Wärmeverbrauch der Anlage (im Juni) ist 15 Proz. des größten (im Januar), die geringste Leistung, am Schaltbrett gemessen (im Juni), ist 21,3 Proz. der größten Leistung (im Januar). Wie zu erwarten sind die Leistungsunterschiede geringer als die Unterschiede im Wärmebedarf . Aus dem Diagramm Fig. 81 bestimmt sich die jährliche Leistung der Anlage zu 5,2 Millionen Kw.-Std.; davon werden im Januar 13,6 Proz., im Juni 2,9 Proz. abgegeben. Gleichmäßig auf alle zwölf Monate verteilt, müßten in jedem Monat 8,3 Proz. der Jahresleistung erzeugt werden. Die Leistungsschwankungen dieser Kraft-Heizungsanlage passen sich der Produktion und den Konsumverhältnissen einer städtischen Elektrizitätsanlage ziemlich gut an, da die Wasserkraftzentralen, wo solche vorhanden, in der Regel im Sommer höher belastet werden können als im Winter, während gleichzeitig im Sommer die Belastung eines Elektrizitätswerkes infolge Verminderung des Beleuchtungsbedürfnisses abnimmt.

Der Dampfverbrauch, in Fig. 82 dargestellt, zeigt nur in den drei Sommermonaten ohne Zwischendampfentnahme eine wesentliche Steigerung und verläuft sonst sehr gleichmäßig. Durch den Betrieb mit drei Maschineneinheiten kann also in diesem Fall eine wirtschaftlich günstige Arbeitsweise, m. a. W. ein guter Wirkungsgrad dauernd aufrecht erhalten werden.

Maschinenleistung in Kw.-Std.

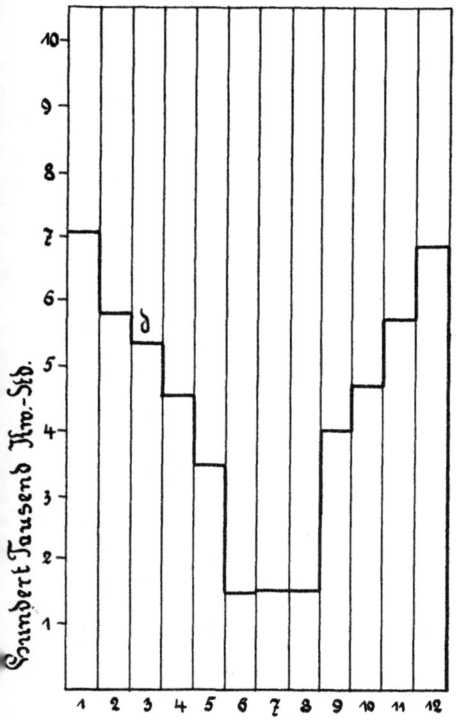

Fig. 81.

Dampfverbrauch.

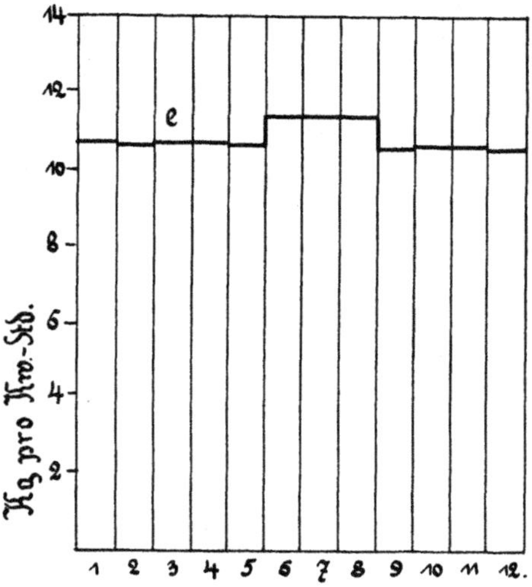

Fig. 82.

Wie schon auf S. 8 und 9 an einem Beispiel gezeigt wurde, kann man die Kurven a bis e der Diagramme 63—74 in ein Jahresbild zusammenfassen, indem man ihre Ordinaten der Größe nach ordnet. Man addiert z. B. alle horizontalen Strecken der Ordinatenhöhe 6 Mill. Kal., die zwischen den c-Kurven verlaufen und trägt die Summe mit beliebig gewähltem Maßstab in einem neuen Achsenkreuz auf der gleichen Ordinatenhöhe als Abszisse ab. Verfährt man ebenso mit allen horizontalen Strecken auf allen Ordinatenhöhen der mit a, c, d und e bezeichneten Kurven der Diagramme 63—74, so erhält man in Fig. 83 die Zwischendampfwärme, die gesamte von den Maschinen

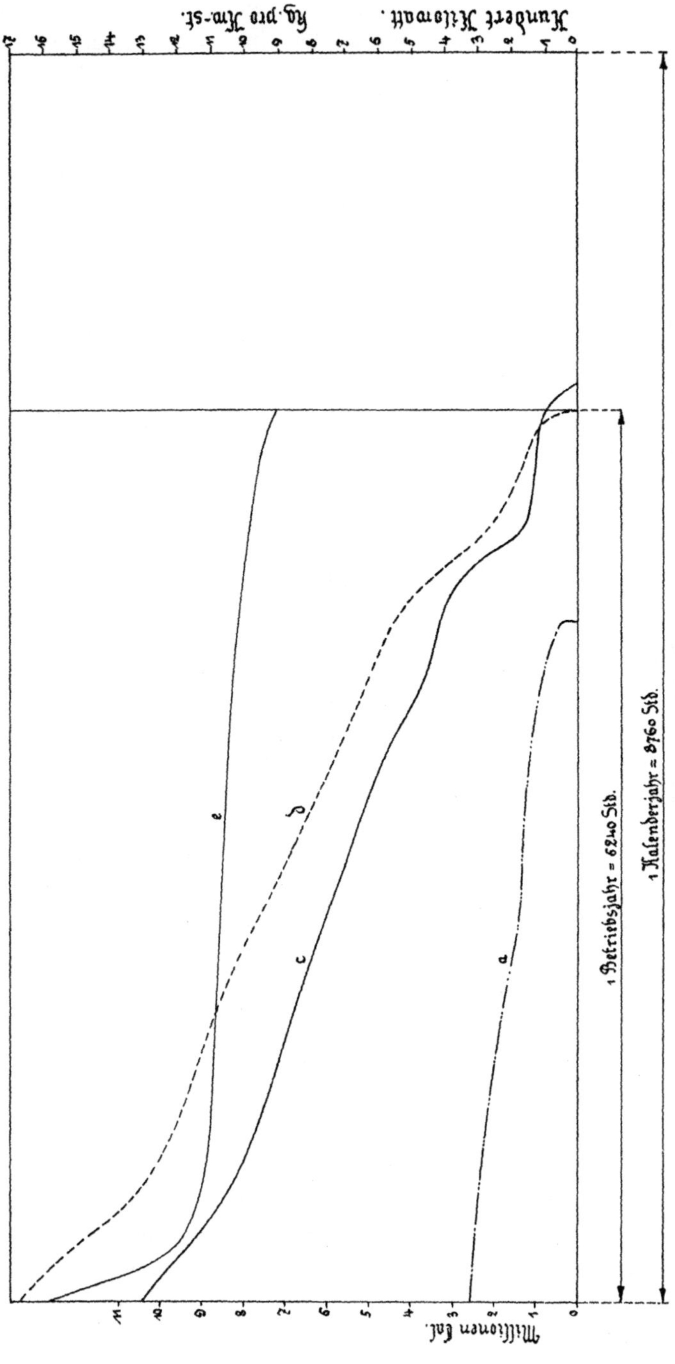

Fig. 83.

a Bedarf an Zwischendampfwärme
c Gesamtwärmebedarf
d Leistung der Maschinen
e Dampfverbrauch

der Größe nach geordnet.

hinter dem Aufnehmer und am Abdampfstutzen abgegebene Wärme, die Leistung und den spezifischen Dampfverbrauch der Größe nach geordnet. Durch Planimetrierung der von den Kurven a bis e und den beiden Achsen eingeschlossenen Flächen lassen sich die Jahresmittelwerte bestimmen der pro Stunde abgegebenen Zwischendampfwärme, der pro Stunde abgegebenen Wärmemenge überhaupt, der Leistung und des Dampfverbrauches.

Das Kalenderjahr mit 8760 Stunden und das Betriebsjahr mit 6240 Stunden sind als Abszissen in das Diagramm eingetragen. Selbstverständlich sind die zu gleichen Abszissen gehörigen Ordinatenwerte der 4 Kurven keine isochronen Größen wie in den Diagrammen 63—74.

Aus dem Diagramm Fig. 83 läßt sich folgendes ableiten:

1. Kurve der Zwischendampfwärme a.

Mittlere Wärmemenge pro Stunde dem Aufnehmer entnommen . . . . **1,63 Millionen Kal.**

Im ganzen Jahr entnommen . . . . . **7,77 Milliarden Kal.**

Dauer der Zwischendampfentnahme . . **4750 Stunden.**

Dieselbe in Prozenten der Betriebszeit . **76 Proz.**

Mittlere Zwischendampfentnahme in Prozenten des Gesamtdampfverbrauches nach Fig. 34 a, 78 und 79 . . . . **24 Proz.**

2. Kurve der Gesamtwärme c.

Mittlere Wärmemenge pro Stunde den Maschinen entnommen . . . . **5,15 Millionen Kal.**

Im ganzen Jahr entnommen $5{,}15 . 10^6 . 6400 =$ **33 Milliarden Kal.**

Heizungsperiode = 6400 Stunden = **73 Proz.** des Kalenderjahres von 8760 Stunden.

Heizungsperiode mit Abzug der Zeit, wo nur Warmwasser für Brauchzwecke bereitet wird = 4750 Stunden = **54 Proz.** des Kalenderjahres von 8760 Stunden.

3. Kurve der Leistung d.

Mittlere Leistung im Betriebsjahr . . . . **840 Kw.**

„ „ „ Kalenderjahr . . . . **600 Kw.**

Von 3 Maschinen zu je 670 Kw. werden im Betriebsjahr **42 Proz.**, im Kalenderjahr **30 Proz.** voll ausgenützt.

Von 2 Maschinen zu je 670 Kw. werden im Betriebsjahr **62,8 Proz.***), im Kalenderjahr **45 Proz.** voll ausgenützt.

Jährliche Leistung 840 Kw. × 6240 Std. = **5,23 Millionen Kw.-Std.**

Betriebszeit der Maschinen = 6240 Std. = **71 Proz.** des Kalenderjahres von 8760 Stunden.

---

*) Vgl. S. 88 oben.

4. Kurve des Dampfverbrauches e.

Mittlerer Dampfverbrauch . . . . . . **10,7 kg** pro Kw.-Std.

Dampfverbrauch pro Jahr = 10,7 . 5,23 . 10^6 = **56 Millionen kg.**

Den Maschinen jährlich zugeführte Wärmemenge = 56 . 10^6 . 723,97 = **40,5 Milliarden Kal.**

Die Leistungskurve d aus Fig. 83 und das Diagramm Fig. 76 sind in Figur 84 zu einem Bild vereinigt.

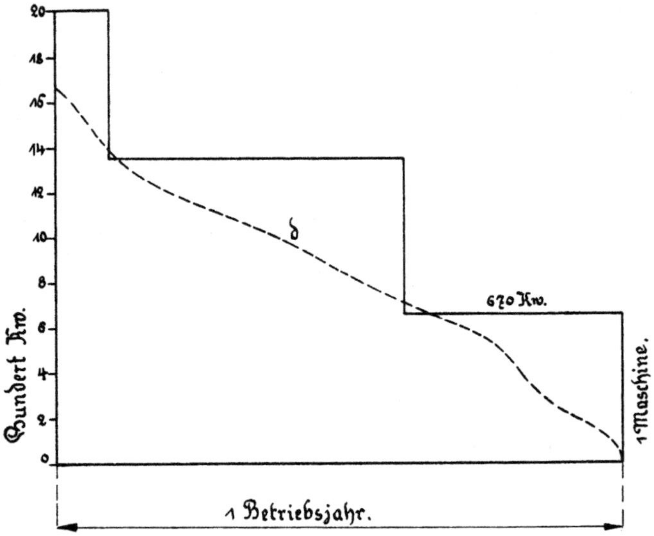

Fig. 84.
Belastung einer Kraft-Heizungszentrale.

Kurve d bildet, wie ersichtlich, die innere Enveloppe des staffelförmigen Linienzuges, welcher die Anzahl der in Betrieb stehenden Maschinen darstellt. Das Durchschneiden der Ecken würde auf zeitweilige geringe Überlastung der Maschinen hinweisen; es ist jedoch zu berücksichtigen, daß die Zahl der jeweils betriebenen Maschinen aus der Zusammenstellung von S. 86 und 87 mit kleinen Ungenauigkeiten berechnet ist, da dort die Zeiten nur auf ½ Stunde genau angegeben sind. Die Kurve d ist aus dem einwandfreien Verfahren der Abszissensummierung (s. S. 9) gewonnen worden. Im großen und ganzen aber decken sich die beiden Darstellungen, wie es sein muß, mit der wünschenwerten Genauigkeit.

In Fig. 85 ist die Leistungskurve d und die Dampfverbrauchskurve e aus Fig. 83 aufgenommen, und zwar ist letztere so eingetragen, daß der höchsten Leistung der geringste spezifische Dampfverbrauch entspricht; diese Annahme deckt sich mit den wirklichen Verhältnissen wohl ziemlich genau, wie die Diagramme Fig. 63—74 lehren.

Durch Multiplikation der zu gleichen Abszissen gehörigen Ordinaten der Kurven d und e miteinander und mit 723,97 wird die Kurve c′ gefunden, welche die den Maschinen zugeführte Wärmemenge in $\text{Kw} \cdot \frac{\text{kg}}{\text{Kw-Std.}} \cdot \frac{\text{Kal.}}{\text{kg}} = \frac{\text{Kal.}}{\text{Std.}}$ darstellt. Die Kurve c der den Maschinen entnommenen Wärmemenge ist aus Fig. 83 übernommen. Aus dem Diagramm Fig. 85 können folgende Zahlen abgeleitet werden:

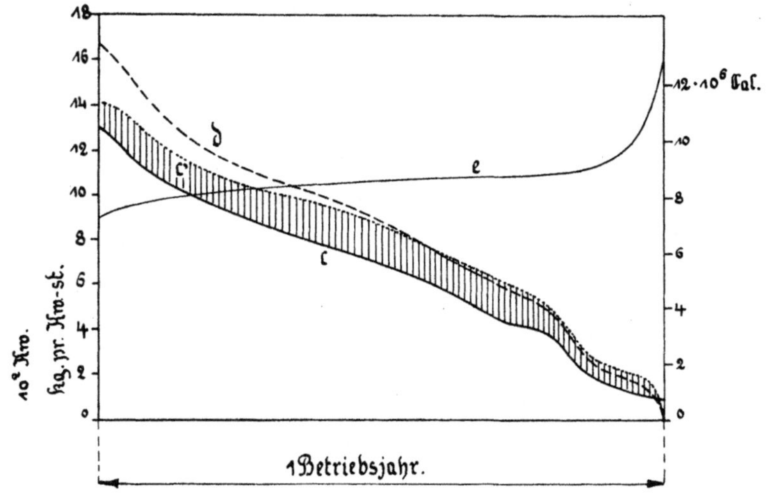

Fig. 85.

Mittlere den Maschinen pro Stunde zugeführte Wärmemenge . .	**6,4 Millionen Kal.**
Gesamte den Maschinen jährlich zugeführte Wärmemenge . .	**40 Milliarden Kal.***)
Gesamte den Maschinen jährlich für Heizzwecke entnommene Wärmemenge	**33 Milliarden Kal.**
Gesamte jährlich in Arbeit umgesetzte und in den Maschinen durch Kondensation verlorene Wärmemenge	**7 Milliarden Kal.**

= schraffierte Fläche in Fig. 85.

Mittlerer Wärmeverbrauch pro Kw.-Std.

$$= \frac{7 \cdot 10^9}{5{,}23 \cdot 10^6} = \mathbf{1320\ Kal.\ pro\ Kw.\text{-}Std.}$$

*) Vgl. S. 94 oben.

Mittlerer Wärmeverbrauch pro PS_e-Std. bei 90 Proz. Wirkungsgrad der Dynamo . . . . . **857 Kal. pro PS_e-Std.**

Mittlerer **effektiver thermischer Wirkungsgrad der Kraft-Heizungsanlage** bei 75 Proz. Kesselwirkungsgrad

$$= \frac{632}{875} \cdot 0{,}75 = \mathbf{54\ Proz.}$$

Brennmaterialkosten pro erzeugte Kw.-Std. bei einem Kohlenpreis von 2,70 M pro 100 kg à 7000 Kal. loko Kesselhaus

$$\frac{1320}{0{,}75} \cdot \frac{270}{700000} =$$

0,682 Pf.

Hierzu sei bemerkt, daß der effektive thermische Wirkungsgrad der Dampfanlagen ohne Abdampfverwertung 9—13 Proz. im Jahresmittel, der Brennstoffpreis pro erzeugte Kw.-Std. 4 Pf. beträgt *).

Die jährliche Ersparnis an Brennstoffkosten beträgt somit bei dieser Art der Zwischen- und Abdampfverwertung

173 300 M.

Ein weiterer wirtschaftlicher Vorteil liegt darin, daß die Ausgaben für Abschreibung, Verzinsung, Instandhaltung und Gehälter bei der vereinigten Kraft-Heizungsanlage eine geringere Höhe erreichen als bei getrennter Zentralheizanlage und Kraftstation, da nur ein Gebäude und eine Kesselbatterie zu errichten und instandzuhalten sind, wenn auch von größeren Abmessungen.

Brennmaterialkosten pro 1 Million für Heizzwecke verfügbare Kal.

$$\frac{10^6}{0{,}75} \cdot \frac{270}{700000} =$$

5,15 M.

Bei einem Schaltbrettpreis der Kilowattstunde von 10 Pfennig lautet die kurze Bilanz dieses Kraftwerkes:

Brennmaterialkosten der Krafterzeugung pro Jahr:

$$5{,}23 \cdot 10^6 \cdot 0{,}00682 = 35\,800 \text{ M.}$$

Erlös aus verkaufter el. Energie zu 10 Pf. pro Kw.-Std.:

$$5{,}23 \cdot 10^6 \cdot 0{,}1 = 523\,000 \text{ M.}$$

Für Abschreibung, Unterhaltung und Verzinsung der Anlage, Löhne und Reingewinn verbleiben also jährlich

487 200 M.

---

*) E. Josse, a. a. O.

Diese Kostenberechnung läßt sich noch anders formulieren.

Brennstoffkosten für Erzeugung der Heizungswärme:

$$33 \, . \, 10^9 \, . \, \frac{5{,}15}{10^6} = 170\,000 \text{ M im Jahr.}$$

Brennstoffkosten für Krafterzeugung . . .	35 800 M im Jahr.
Gesamte Brennstoffkosten	205 800 M im Jahr.
Jährlich erzeugte Energie	5,23 . 10^6 Kw.-Std.

Brennstoffkosten pro Kw.-Std. =

3,94 Pf.

Die durchschnittlichen Brennstoffkosten pro Kw.-Std. betragen in unseren Dampf-Elektrizitätswerken 4 Pf. Man kann also obiges Rechnungsergebnis dahin auslegen, daß die besprochene Kraft-Heizungsanlage den elektrischen Strom zum üblichen Preis erzeugt, dabei aber eine jährliche Wärmemenge von **33 Milliarden Kalorien** für Heizzwecke **kostenlos** zur Verfügung stellt.

Das vorstehend betrachtete Beispiel einer Kraft-Heizungszentrale ist der Praxis entnommen. Nach dem Vorgange von Stuttgart *) ist München die erste deutsche Stadt, wo eine großzügige Anlage zur Verbindung der Heizdampf- und Krafterzeugung geschaffen wird. Das städtische III. Krankenhaus wird die für Heiz- und Wirtschaftszwecke benötigte Wärmemenge aus dem Zwischen- und dem Abdampf von Tandemverbundmaschinen beziehen. Der in vier Babcock und Wilcox-Wasserrohrkesseln von je 300 qm Heiz- und 100 qm Überhitzerfläche erzeugte Dampf von 14 kg Überdruck und 320° C Temperatur wird 3 Tandemverbundmaschinen zugeleitet. Die Drehstromgeneratoren von 700 K. V. A. maximaler Dauerleistung aus den Siemens-Schuckert-Werken arbeiten in das städtische Netz. Die ganze Dampfanlage wie Kessel, Rohrleitung, Maschinen, Oberflächenkondensatoren und Großwasserraumvorwärmer ist aus den Werkstätten der Maschinenfabrik J. A. Maffei, München, hervorgegangen. Man darf wohl hoffen, daß diese Firma und die Direktion der städtischen Elektrizitätswerke ihrem großen Verdienst der Schaffung einer solchen Anlage das weitere hinzufügen werden, durch Bekanntgabe der dampf- und wärmeökonomischen und sonstiger Erfahrungen wirtschaftlicher Natur zur weiteren Aufklärung über die Frage der Zwischen- und Abdampfverwertung beizutragen.

Zum Schlusse will Verfasser ein Bedenken nicht verhehlen. Wie alle Bestrebungen, die darauf abzielten, die Wirtschaftlichkeit der Dampfanlagen zu heben, so hat auch die Zwischen- und Abdampf-

*) Siehe Fußnote 29.

verwertung Komplikationen im Betriebe zur Folge. Das Mischventil zum Zusatz von Frischdampf und die Warmwasserapparate sind Gegenstände, die einer besonderen Beaufsichtigung bedürfen. Wenn der Maschinenwärter, nur weil er zu bequem ist, das Zusatzdampfventil richtig zu bedienen, mit mehr Frischdampf heizt, als nötig ist, oder die Wärmeübertragungsflächen zwischen Dampf und Wasser in unreinem Zustand hält, dann werden die schönen Ersparnisziffern nur auf dem Papier stehen. Ein durchaus zuverlässiges Personal ist also bei der Kraft-Heizungsanlage mehr als bei jeder anderen Dampfanlage für die Durchführung eines wirtschaftlich günstigen Betriebes die Hauptbedingung. So selbstverständlich diese Forderung auch erscheint, ist es doch nicht überflüssig, sie besonders laut zu erheben. Es ist nur durch die Verschiedenartigkeit der Wartung erklärlich, daß Anlagen, die unter genau gleichen Bedingungen betrieben werden, oft mit sehr verschiedenem Nutzeffekt arbeiten. Ebenso falsch als verbreitet ist es aber, einen geringen Nutzeffekt lediglich den theoretischen Grundlagen zuzuschieben.

Möchten diese Darlegungen dazu beitragen, die Erkenntnis von der Wirtschaftlichkeit der Abdampfverwertung für Heizzwecke in neue Kreise zu tragen, möchten sie insbesonders aufklärend wirken über die dampf- und wärmeökonomische Bedeutung der Zwischendampfentnahme bei Verbundmaschinen, dann wird auch mehr und mehr erkannt werden, was Prof. Rietschel schon i. J. 1902 in der Zeitschr. des Vereins D. Ing. aussprach:

„Der große Vorteil, der in der gegenseitigen Ergänzung eines Lichtwerkes und eines Heizwerkes liegt, sollte die großen Elektrizitätsgesellschaften dahin führen, in Verbindung mit angesehenen Heizungsfirmen der Ausführung von Fernheiz- und Lichtwerken näherzutreten. Ich glaube bestimmt, daß bei der richtigen Wahl des Ausführungsgebietes nicht nur vom gesundheitlichen Standpunkt und vom Standpunkt der Annehmlichkeit, sondern auch vom wirtschaftlichen Standpunkt sich für alle Teile große Vorteile erzielen lassen!“

GPSR Compliance

The European Union's (EU) General Product Safety Regulation (GPSR) is a set of rules that requires consumer products to be safe and our obligations to ensure this.

If you have any concerns about our products, you can contact us on ProductSafety@springernature.com

In case Publisher is established outside the EU, the EU authorized representative is:

Springer Nature Customer Service Center GmbH
Europaplatz 3
69115 Heidelberg, Germany

Batch number: 10844675

Printed by Printforce, the Netherlands